圖解版 有趣到睡不著

趣味植物

監修
植物學者　靜岡大學教授
稻垣榮洋
HIDEHIRO INAGAKI

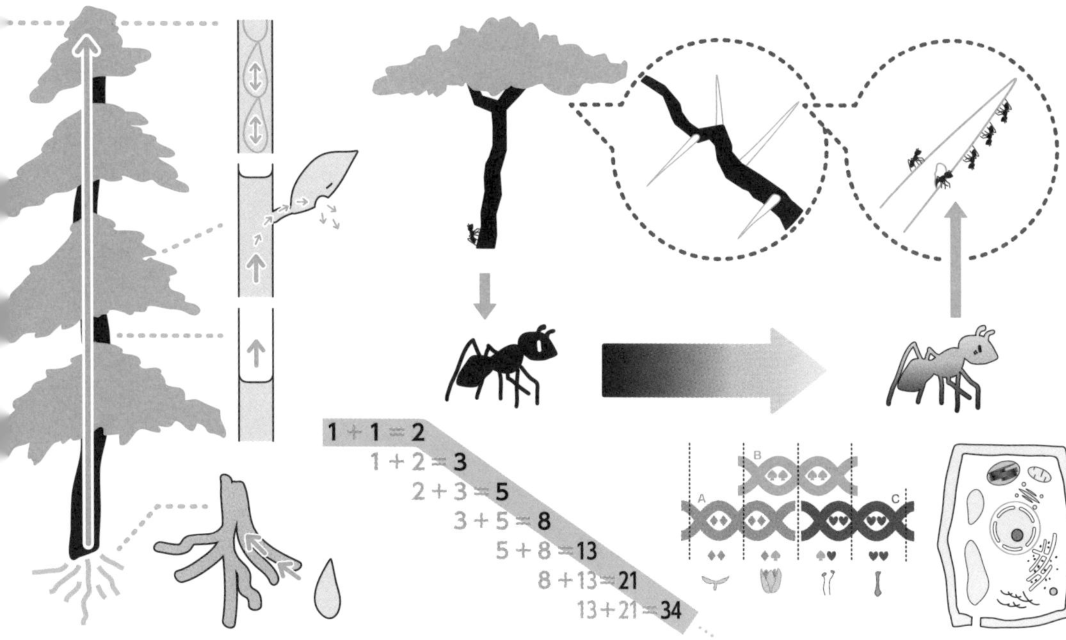

晨星出版

前言

想像一下，有些生物奇妙到根本就不像是存在於這個世界。

舉例來說，竟然有種高度達上百公尺的巨大生物，而這高度可是將近三十層樓的摩天大廈。另外還有無眼無口的生物，這種生物既沒有手腳，也不會移動，更不需要進食。各位也可以想像一下，有種上半身會埋入地底，下半身露出地面的「倒立生物」，同樣非常奇妙。

而這些如此奇妙的生物，其實就是植物。

植物可以長成高度達上百公尺的巨大樹木；植物無眼無口，也不會移動，只需要照射陽光，就能製造養分。

據說古希臘哲學家亞里斯多德在論述植物時，曾說「植物就像倒立的人類」。人類用來攝取營養的嘴巴長在身體上半部，植物吸收養分的根則是長在下半部，而生殖器官的花朵則高掛在上方。

實在是非常奇妙的生物呢！

在地球這顆綠色行星中，充滿著這類奇妙的生物。

你我生活的環境周遭也有非常多植物。

望向山，山被綠木覆蓋著；望向原野，原野開滿了各式各樣的花草。道路旁長著雜草，花圃裡顏色繽紛的植物為我們帶來視覺的享受。你我所吃的稻米與蔬菜是植物，用來做為建物梁柱的木材原本也是植物。我們會在新年時用門松裝飾、春天時欣賞櫻花、秋天時享受紅葉之美，這些也全都是植物。

不過，我們對於上述應該要好好認識一下的奇妙植物似乎相當陌生。

愈深入揭開這些生物的面紗後，各位一定會對大自然的偉大愈感神奇，甚至會對生命不可思議的行為驚艷不已。這一切或許會奇妙到讓各位無法入睡，所以在閱讀時要特別注意。

那麼，就讓我們開始聊聊有趣到讓人無法入睡的植物故事吧！

二〇一九年二月

靜岡大學教授　稻垣榮洋

CONTENTS

第2章 事到如今實在不好開口問人 植物的「基本」

第5章 一切都是為了吃飽飽 植物與「光能」

Q 世界上最大的花？

A 直徑最大的是大王花，高度最高的則是泰坦魔芋

說到世界上最龐大的花朵，生長於印尼叢林的大王花（Rafflesia arnoldii）可是非常有名。大王花會寄生於其他植物上，開出的花朵直徑可達一公尺。

另外，還有高度達三公尺的巨大花朵。

那是生長於印尼蘇門答臘島的熱帶雨林，**天南星科的泰坦魔芋（學名：Amorphophallus titanum）。這種植物最快也要兩年才會開一次花（基本上要數年才會開一次），費時約兩個月卻只會開花兩天左右。**

泰坦魔芋的日文漢字為「燭台大蒟蒻」，燭台是用來擺放蠟燭的座台，蒟蒻則是用蒟蒻芋地下莖（塊莖）製作的食品。泰坦魔芋如同它的日文名字，會開出如燭台般的大花朵，就像是竹子的地下莖衝出地面，長成竹筍一樣，泰坦魔芋的花朵也會從塊莖直接向上朝地面長出，綻開成大朵花瓣。泰坦魔芋開花的方法及模樣可是非常豪邁呢！

嚴格來說，泰坦魔芋的花朵應該是從以葉子變形而成、名為佛焰苞的花瓣中心往上豎立長出就像是蠟燭的部分，其下方則是藏有非常多的雄花與雌花。

接下來要來說說泰坦魔芋的厲害之處。像蠟燭的部分會升溫至三十七度C左右，這時，從蠟燭的前端會流出肉腐爛掉般的強烈臭味，甚至大範圍地飄散至叢林遠方。

飄散臭味是為了吸引甲蟲類昆蟲（授粉昆蟲），因為泰坦魔芋只有兩天的時間，如果不儘快授粉、長出種子，就無法留下後代子孫。

在日本雖然比較沒有機會看見蒟蒻芋開出的花朵，但天南星科的花朵中，還有火鶴花及白鶴芋等，被種植為觀賞用的美麗花葉類。

1 世界上直徑最大的大王花

直徑可達
1 公尺

大王花會寄生在藤類植物的根部，還會發出惡臭。據說開花時會長出數十萬顆的種子，因此推測花朵才會如此龐大（詳述參照P117）。

2 高度達3公尺的泰坦魔芋

從地面到頂端都是泰坦魔芋的花朵
這裡會升溫至 37℃左右！

根據紀錄顯示，泰坦魔芋的花朵高度曾經高達3.5公尺。泰坦魔芋只會久久開一次花，期間則是以塊莖狀態處於休眠。

亮點在這裡

泰坦魔芋的英文是Titan Arum（巨大的蒟蒻芋），名字聽起來很一般。除了泰坦魔芋外，天南星科裡的臭菘開花時一樣會發出惡臭，當然也會升溫。

Q 世界最大的樹木？

A 樹幹最粗的雖然是墨西哥的圖爾樹……

不管是在討論巨木或巨樹，比起高度，會更重視粗度。**因為只要樹幹夠粗，樹就會長高，基本上枝葉也會非常茂盛，所以都是先以粗度來做基準。**

人們自古就覺得巨樹很神祕，會抱持恐懼又敬畏的心情，這是因為祖先告訴我們，巨樹裡棲宿著神明。

日本樹木中有最粗樹幹號稱的，是位於鹿兒島縣姶良市、蒲生八幡神社境內的蒲生大楠（樟樹），此樹已被列為日本國家特別天然紀念物，推估約有一千五百年樹齡。樹幹周長二十四點二公尺，高三十公尺，是自古便有的古老神木。

日本樹幹周長超過十二公尺的巨木共有一百一十七棵，其中有四十八棵樟樹、二十四棵柳杉、十八棵銀杏、十一棵連香樹，另外還有一至五棵不等數量的櫸樹、榕樹等六種樹木。

人張開雙臂的長度差不多與身高等長。這麼說來，**若要身高一百七十公分的人用手臂圍繞住日本最粗的樹木，至少就需要十四人。**

綜觀世界，名列金氏世界紀錄的墨西哥圖爾樹（杉科）樹幹長度的官方數字為三十六點二公尺，不過，也有文獻記載在高度一點三公尺處測量的粗度為四十五公尺。這是要超過二十六名身高一百七十公分的大人張開手臂才有辦法圍繞的粗度。相同粗度等級的樹木還包括了位於南非、人稱 Big Tree 的猢猻樹。

另外，在美國加州也有兩棵樹幹粗度約三十一至三十三公尺的巨杉（Sequoiadendron giganteum，杉科），是以當年南北戰爭中，北軍將軍的名字命名。巨杉高度雖然超過八十公尺，但以高度來說並非世界第一（參照第一〇八頁）。

1 知名巨樹的粗度與高度比較圖

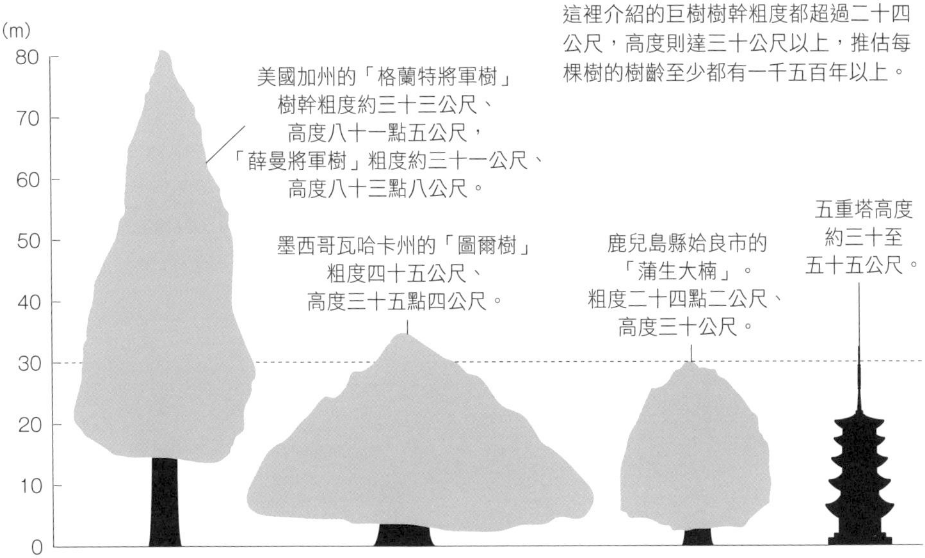
(m)
80
70
60
50
40
30
20
10
0
這裡介紹的巨樹樹幹粗度都超過二十四公尺，高度則達三十公尺以上，推估每棵樹的樹齡至少都有一千五百年以上。
美國加州的「格蘭特將軍樹」樹幹粗度約三十三公尺、高度八十一點五公尺，「薛曼將軍樹」粗度約三十一公尺、高度八十三點八公尺。
墨西哥瓦哈卡州的「圖爾樹」粗度四十五公尺、高度三十五點四公尺。
鹿兒島縣姶良市的「蒲生大楠」。粗度二十四點二公尺、高度三十公尺。
五重塔高度約三十至五十五公尺。

2 高度達3公尺的泰坦魔芋

跟人比比看

位於南非共和國，樹幹粗度四十五點一公尺的巨樹猢猻樹，高度不詳。

©吉田繁

亮點在這裡

樹木的生長沒有盡頭，壽命也很長。只要有陽光及雨水，就算沒有人類，也能維持自己的生命，地球可真是植物王國呢！

Q 世界最多種類的花？

A 薔薇有三萬種，野生種蘭花則有二萬六千種

薔薇又有花界女王的稱號，從以前便被拿來品種改良，目前仍持續開發出新品種的薔薇，據說全世界的薔薇種類已多達三萬種。

不過，如果單純探討原生種的話，薔薇大約只有十種。除了薔薇，蘭花是種類數最多的花種。光是不包含品種改良的野生蘭花就有二萬六千種，以整體種類來說，薔薇的數量雖然比較多，但若是只看野生種，那麼會由蘭花勝出。

蘭花出現於恐龍時代末期，也就是白堊紀晚期最後現身的被子植物。蘭花風貌多樣，在被子植物中，種類更是最為豐富。

許多蘭花極具觀賞價值，因此全世界皆有栽培及品種改良。另一方面，每種野生蘭花都有固定的昆蟲負責搬運花粉，以被子植物而言，蘭花有著非常進步的授粉模式。然而，近年來野生蘭花不斷滅絕，連帶要靠吸取蘭花花蜜維生的昆蟲也陷入危機。**蘭花可說是凸顯生命失去多樣性危機最具象徵性的植物**。

開店祝賀時常見的花是蘭科中的蝴蝶蘭，看上去就像好幾隻潔白大蝴蝶正在飛舞，的確能帶來喜氣，幫助生意興隆。

蝴蝶蘭的日文「コチョウラン」其實是自生於菲律賓群島至台灣南部、名為白蝴蝶蘭（Phalaenopsis aphrodite，蝴蝶蘭屬）的和名。這種白蝴蝶蘭，以及自生範圍延伸至澳洲，中文名同樣是白蝴蝶蘭的Phalaenopsis amabilis（蝴蝶蘭屬）皆被作為原生種進行品種改良，無論是會開出大朵或中型花朵的蝴蝶蘭，一整年都能穩定出貨。

1 深受世人喜愛的蝴蝶蘭

蝴蝶蘭的日文為「コチョウラン（胡蝶蘭）」，漢字的「胡蝶」就是指蝴蝶。蘭花的英文為orchid，希臘語則是源自於意指睪丸的語詞。蘭花本身看起來很像蛾（moth），所以英文也會稱為moth orchid。

2 花朵是怎麼吸引昆蟲的？

〈人眼所見的油菜花〉

在昆蟲眼裡，花朵看起來長怎樣呢？為了知道答案，這裡以昆蟲可見的紫外線拍攝後，發現相同的花朵看起來卻完全不一樣。雄蕊與雌蕊周圍顏色變深，且整個花瓣上布滿紋路線條。這其實是讓昆蟲確實知道花蜜所在，作為運送花粉的引導路線。對花朵而言，顏色並不是用來取悅人類，而是用來吸引昆蟲的招數呢！

〈昆蟲眼裡的油菜花〉

十字花科的油菜花。
吸收紫外線的部分會呈現黑色。

照片：福原達人（福岡教育大學教授）

亮點在這裡

每種蘭花種類會吸引前來吸蜜的昆蟲也不同，這些昆蟲當然就必須負責搬運蘭花的花粉。花朵會有如此多樣的形狀，都是為了吸引不同昆蟲上鉤。

Q 世界上最長壽的植物？

A 樹齡超過五千年，世界上最長壽松樹的祕密

位於美國加州因約國家森林公園的白山（White Mountains）有著海拔高度為三千公尺的斜面，這片乾燥的白色斜地呈鹼性，不僅相當荒涼，年降雨量更是極為稀少，對植物來說是非常嚴峻的生存環境。

在這片斜地各處豎立著看似已經枯萎、讓人感到有些可怕的樹木群。當中雖然真的有樹木已經枯萎死去，但也生長著一些帶有如尖刺般綠葉的樹木。這種樹木屬於針葉樹，是松科植物，當地人又稱它為刺果松（Bristlecone Pine）。這些看起來已經枯萎、實際上仍活著的刺果松樹齡全都超過四千年。

當中甚至包含了樹齡達五千年以上、比金字塔還要古老的樹木。這是以氣候變遷、年輪測量、考古學等研究聞名的亞利桑那大學年輪研究實驗室的人員在二〇一三年測量樹齡所得到的結果。**研究人員使用的是常用來測量年輪的交互定年方法**，並從樹群中，發現了一棵樹齡最長的松科樹木。

世界上究竟有多少棵樹齡超過千年的樹木？透過年輪測量等方法掌握到的數據顯示，已知樹齡超過千年的就有數十棵，這些樹木的年齡至少都有一千五百年，**當中最老的則是已有五千年**。其他被認定樹齡超過千年的樹木雖然有數十棵，但大多為推算年代值，並非每棵樹的精準樹齡。

在世界上，還有些樹木就算樹幹枯萎，也能從根部長出新芽，無性繁殖成樹幹（壽命達數百年）。這些樹木已經存活了一萬年至八萬年不等，但這其實是無性繁殖部分的合計年齡，並非一棵樹本身的樹齡。

1 刺果松長壽的祕密

位於因約國家森林公園的刺果松。為了能在鹼性土質、幾乎沒有溼度的貧瘠土地上生長，刺果松盡可能地降低生長成樹木所需的新陳代謝，努力適應環境，因此變得相當長壽。一般會觀察有無長出存活時間可達四十年的針葉來判斷刺果松是否仍活著。

2 調查樹齡的方法──交互定年方法

找出活著的樹與枯萎的樹在年輪上共通的部分，並將此部分串聯，推算出壽命。

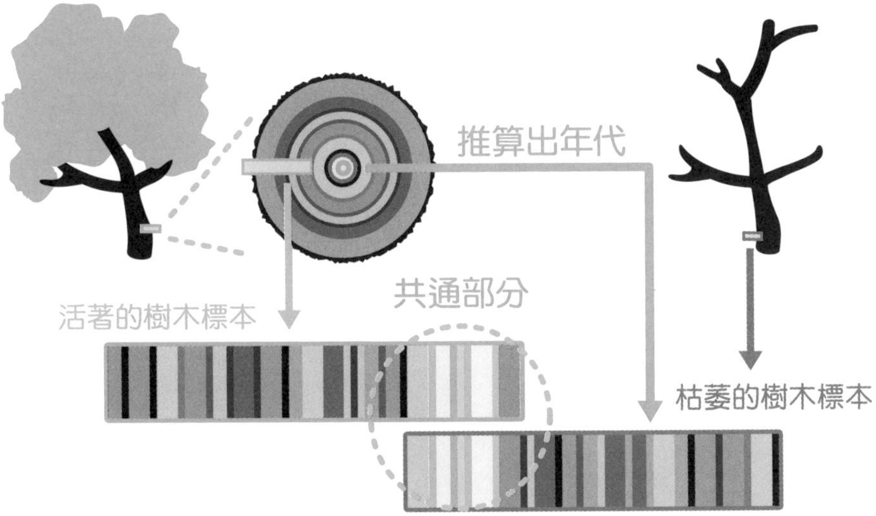
推算出年代
共通部分
活著的樹木標本
枯萎的樹木標本

亮點在這裡

樹木是最長壽的生物。就算是外表看起來已經枯萎的刺果松，只要有綠葉與新芽，就能透過光合作用繼續延續生命。

COLUMN 1

世界上最高的草？　萵氏普亞鳳梨

萵氏普亞鳳梨（*Puya raimondii*）是自生於南美玻利維亞安地斯山脈高地的鳳梨科植物，它在海拔四千公尺以上的高地生存超過一百年，開出如巨塔般的花朵後（花序：一群或一叢小花），留下三十萬至四十萬顆種子便隨之枯萎。

萵氏普亞鳳梨長出花朵需耗費七十至一百年，所以又被稱為「世紀植物（century plant）」。它的球形葉直徑與高度皆可達四公尺，花朵高度更有五至十公尺。根據靜岡大學的實地調查，萵氏普亞鳳梨枯萎的花梗非常堅固，硬到可作為石造屋的支柱、棟梁及門柱。

第1章

不知道就虧大了？身邊植物的超級「才能」

Q 為什麼「染井吉野」會同時開花？

A 因為是無性繁殖植物，特性與生長模式也會相同

在世界上（嚴格來説是指北半球的溫帶地區），大約有一百種野生種的櫻花，其中有一成、也就是十種為日本的野生種。這十種櫻花又在日本變種成一百種以上的自生種櫻花，另外還有超過二百種的栽培品種。

染井吉野是江戶時代末期栽培成功的品種之一，由日本野生種的大島櫻與江戶彼岸雜交而成。

染井吉野雙親之一是大島櫻，它的白色大花瓣非常美麗，因此鎌倉時代後，大島櫻又延伸出許多品種。

另一方雙親的江戶彼岸則是有著稍微帶紅的小花朵。江戶彼岸既長壽又能長到非常龐大，因此也是天然紀念物的名樹中最常見的品種。

這也讓來自日本兩大名花品種的染井吉野成為名符其實的知名櫻種。

染井吉野無法自花授粉，只能以嫁接方式（參照第二十八頁）繁殖。**透過嫁接培育的植物屬於無性繁殖，也就代表基因完全相同，這也是為什麼染井吉野能同時開花、同時凋謝。**染井吉野會在長葉子前盛開出美麗的櫻花，也因此非常受到喜愛，並開始遍及日本各地。

不過，關於染井吉野的雙親一直以來都備受質疑，大島櫻的部分雖然沒有爭議，但有些人懷疑江戶彼岸是否真是染井吉野的雙親之一，有沒有可能其實是山櫻，或是其他國外品種？這個議題在國際上並沒有取得共識，導致情況相當混亂。

這時登場的，是最新的DNA分析技術，同時再加上形態學、族群遺傳學、分子系統學方面的最新見解。於二〇一六年驗證自古以來的説法，染井吉野的確是日本純國產櫻花。這也是自染井吉野誕生後，歷經一百五十年才做到的科學驗證。

1 來自日本兩大名花的染井吉野櫻

江戶彼岸

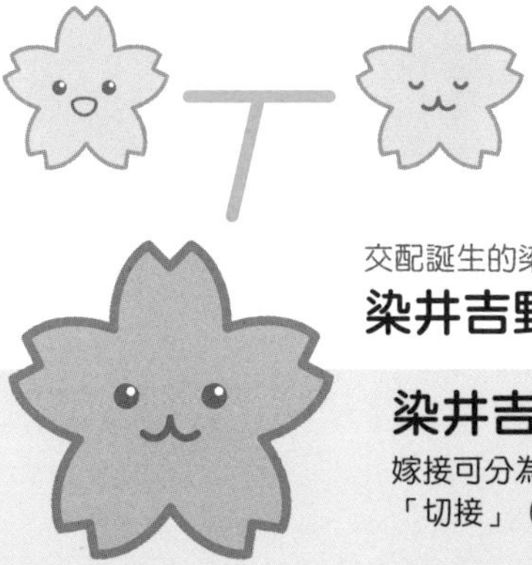

大島櫻

交配誕生的染井吉野

染井吉野

根據2016年國立研究開發法人森林綜合研究所與岡山理科大學的共同研究，確定染井吉野是由大島櫻與江戶彼岸雜交而成，是百分之百日本產的櫻花。

染井吉野嫁接

嫁接可分為數種方法，這裡介紹的是「切接」（其他方法請參照P28）。

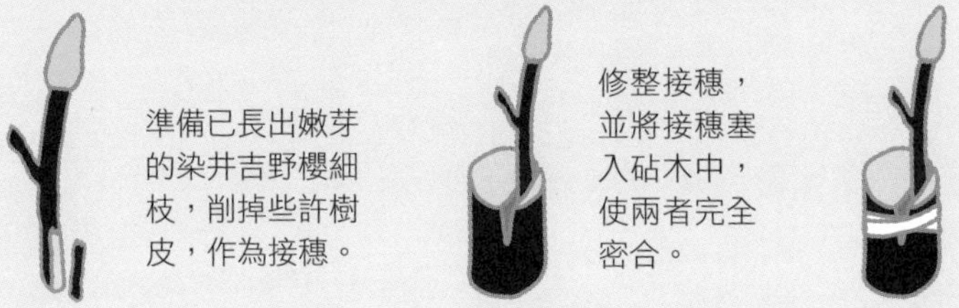

準備已長出嫩芽的染井吉野櫻細枝，削掉些許樹皮，作為接穗。

修整接穗，並將接穗塞入砧木中，使兩者完全密合。

以膠帶圈綁固定，避免接穗與砧木分離。

2 櫻花主要的「開花地區」與「花葉特徵」

〈花名〉	〈開花地區（日本）〉	〈花葉特徵〉
山櫻	日本東北地區南部～九州	白花、紅嫩葉。
霞櫻	北海道～九州北部	白花、褐色或黃綠色嫩葉。
大山櫻	北海道～九州	帶點紅的花朵、紅嫩葉。
大島櫻	伊豆群島、伊豆半島等	大白花、綠嫩葉。
江戶彼岸	本州～九州	帶點紅的小花、花開時不會長嫩葉。
染井吉野	北海道西南部～九州	帶點紅的大花、花開時不會長嫩葉。

這點有夠強

染井吉野能透過嫁接或插枝繁殖，植栽後5年左右就能開枝散葉，不過，其他櫻花品種可要花費10年，這也是為什麼染井吉野在日本如此普遍的原因之一。

Q 薔薇是花界女王，那誰是雜草女王？

A 庭院或田裡人見人厭的升馬唐

雜草這個字給人的印象，代表著就算被打壓也不會屈服，是非常有韌性的植物。然而，雜草其實很難與其它植物相競爭。像是在森林裡，如果有其他具超強競爭力的植物存在，雜草就無法存活下來。

於是，雜草只能在經常被踩踏的街道旁、種有路樹的位置等看不見強勢植物的地點，或是會被除草整頓的公園及田地這些逆境中生存下去。

不只是雜草，對所有的植物而言，最重要的就是開花並留下種子。與其往上生長，在被踩踏後，維持著匍匐地面的低姿態開出花朵，雜草就是能像這樣，在逆境中柔性卻堅強地活下去。

「升馬唐」是日本常見的雜草，雖然名列除草名單，卻有著「雜草女王」的稱號。各位聽到名字後，或許很難聯想到「啊～原來就是它啊」。日本植物學之父牧野富太郎有句名言，「世界上不存在叫做『雜草』的植物」，所以無論是哪種雜草，都有著很棒的名字。**升馬唐是非常普通的雜草，會出現在街道旁、農業道路、花圃、混凝土縫隙，隨處都可見它的蹤影。**各位只要看到照片，一定會說「什麼嘛，原來是它啊」。

一株升馬唐就能長出以萬為單位的花朵（小穗），使升馬唐突變的機率很高，這也代表著更有機會獲得能適應各種環境的能力。

此外，**升馬唐主要會透過自體繁殖（自花授粉）形成種子，透過自己的力量繁衍後代**，所以就算被截斷，也能從節的位置，透過不用靠雄雌性的營養繁殖再生，是繁殖力非常強的雜草。或許也是因為這樣，讓升馬唐擁有能在任何環境存活的能力。

1 升馬唐的識別度超高，走到哪裡都看得到

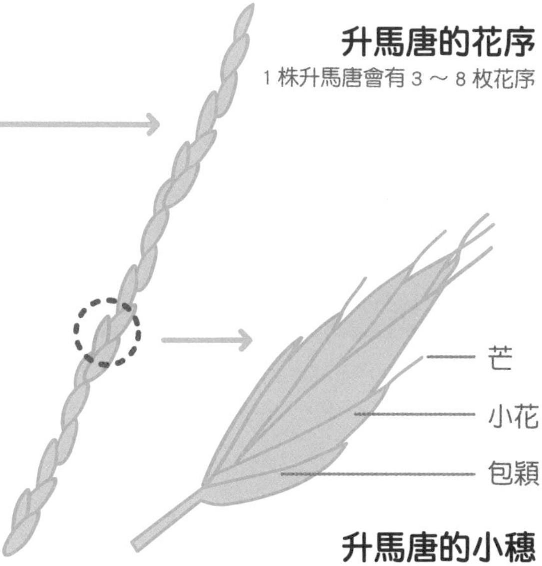

升馬唐的花序
1 株升馬唐會有 3 ～ 8 枚花序

升馬唐的花看起來一點也不像花，由多株如芒穗般的花序（一群或一叢花）組成。就算被踐踏也能從莖節處長出新的根，繼續存活下去。

升馬唐的小穗
1 株升馬唐長有許多小穗

2 愈踩愈強韌的雜草－車前草

在雜草界裡，無論是高原、平地、原野或是荒地，甚至路旁，車前草（車前草科）是日本各地常見的雜草。車前草非常耐踩，如果承受不了這點踐踏，反而會輸給其他草類。另外，車前草的種子沾溼後還會分泌出像果凍般的物質，在被踐踏時附著於腳底，有讓自己分布更廣的超強技倆。

這點有夠強

只要是沒有競爭對手的環境，雜草擁有在哪都能生存的能力。其中，有雜草界女王之稱的升馬唐更是具備存活於各種環境的潛力。

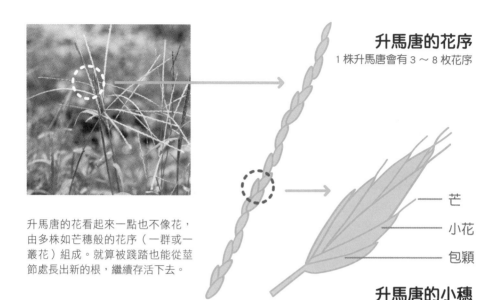

Q 放在生魚片旁邊的花只是裝飾用？

A 生魚片的裝飾菜可是傳承自老祖先智慧的抗菌之物

在超市購買盤裝生魚片或握壽司的時候，都會附上白蘿蔔絲或紫蘇葉，有時還會擺一朵小菊花。這些東西除了作為裝飾，還能夠抗菌。

盤中的小菊花是特別栽培的可食用菊花，花瓣浮在醬油上除能享受其香氣與口感，花中所含的酵素還能夠分解毒素。其它被作為裝飾菜使用的**山葵**、**大蒜**、**白蘿蔔**、**胡蘿蔔**、**青紫蘇**、**紫蘇果實**、**紫蘇花**、**紅蓼**、**珊瑚菜（傘形科）**、**巴西利**、**檸檬等也都具有抗菌及去味的功效**。

折詰便當內會放入綠色塑膠片來取代葉蘭。葉蘭、笹竹葉（笹壽司）、柿葉（柿葉壽司）具備防腐效果，柏餅的葉子則能增添香氣，同時具備抗菌、保溼等效果。

江戶時代中期之後，江戶街道出現了許多像是速食店的攤販，店家掛上寫有「二八（そば，也就是蕎麥麵）」「天婦羅」「寿し（壽司）」的大字招牌，吸引在地江戶居民上門。

攤販擺滿了整排的握壽司，當然也有附上薑片。個性急躁的江戶居民吃壽司後，手指會變得黏黏的，據說這時他們會摸薑片當作擦手。享用完壽司的同時，也會把薑片吃光。**用來製作壽司薑片的生薑與食用醋都有抗菌效果**。

壽司食材的生魚會使身體偏寒，生薑裡的辛辣成分不僅能整腸健胃，還具備暖身作用，因此也成了在路邊攤販享用壽司時非常需要的食材。

江戶時代不只有攤販，還出現了許多料理店，在飲食文化上大放異彩，這過程中多虧了傳承自老祖先的智慧，懂得利用植物的花葉。

1 具有抗菌作用或能夠消除疲勞的植物

山葵

能夠殺菌、預防血栓，豐富的維生素C對於黑斑、雀斑具美容成效，同時還能抗癌。

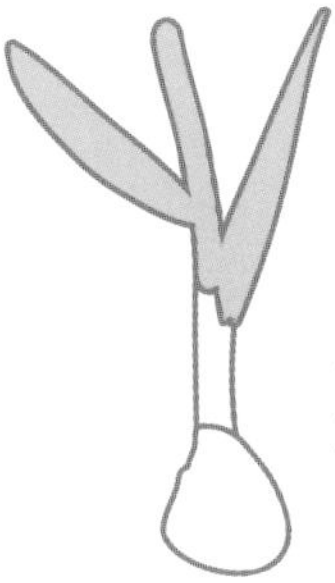

大蒜

內含大量有助醣類分解的維生素B1，還可消除疲勞。

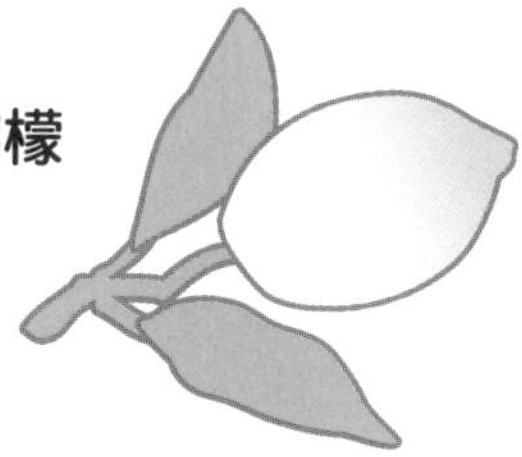

檸檬

含有豐富維生素C，酸味來自檸檬酸。維生素C與檸檬酸都能提升免疫力與消除疲勞。

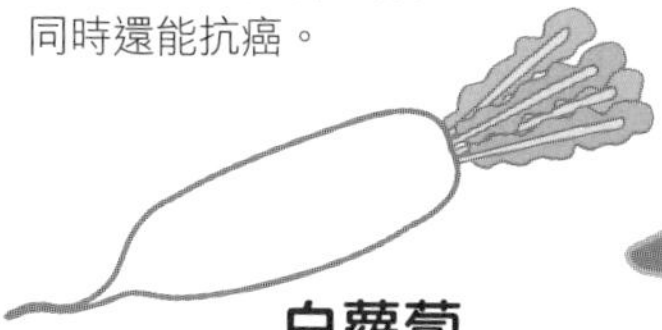

白蘿蔔

內含大量可分解澱粉、名為澱粉酶的酵素，可幫助消化，預防消化不良、胃灼熱等情況。

胡蘿蔔

胡蘿蔔裡的胡蘿蔔素在體內會轉化成維生素A，不僅能抑制活性氧、預防生活習慣病，還能提升免疫力。

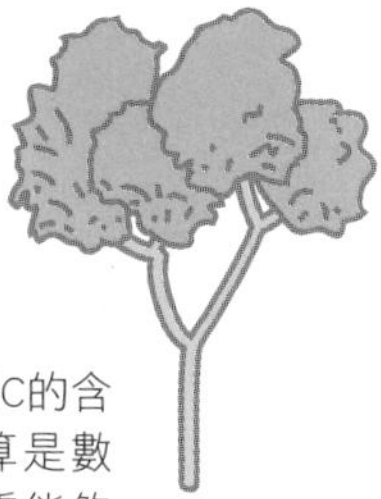

巴西利

鐵質與維生素C的含量在蔬菜裡算是數一數二，鐵質能夠預防貧血。

2 生魚片裝飾菜的菊花其實能解毒

似乎不少人以為擺在生魚片旁的花是蒲公英，但其實是菊花（日文為キク）。這種菊花於奈良時代從中國傳入日本，至今仍被栽培作為食用菊花。若是藥用菊花，日文會直接使用漢字「菊花」一詞，據說裡頭一種名為穀胱甘肽（Gluta-thione）的成分會促進體內生成解毒物質。食用菊花雖然沒有像藥用菊花那麼厲害，可以促進解毒物質的生成，但有研究指出，食用菊花可降低膽固醇與中性脂肪。

這點有夠強

擺在料理旁的裝飾菜、綠葉等，帶有去毒、防止腐敗、增添香氣、抗菌等效果，這都是日本自古流傳至今的智慧。

Q 為什麼一天需要攝取三百五十克以上的蔬菜？

A 吃得聰明，才能增進健康及預防生活習慣病

蔬菜中含有維生素、礦物質、膳食纖維等能調整體質、維持身體正常運作的重要營養素，另外，還有提升免疫力、抗氧化作用。由於蔬菜在健康方面具有非常多效用，對於容易蔬菜攝取量不足的現代人而言，不多吃點蔬菜實在說不過去。

根據日本厚生勞動省在二〇〇九年所做的國民健康&營養調查，**日本國人每天平均的蔬菜攝取量僅二百九十五克，於是訂立了一天至少要攝取三百五十克以上蔬菜的目標。**其中，年輕族群的蔬菜攝取量特別少，根據二〇一七年的調查顯示，二十至三十九歲的蔬菜攝取量低於二百七十克。

雖然許多人會透過保健或營養食品來補充維生素與膳食纖維，但營養食品較缺乏蔬果中的多元養分，同時也較難讓體內吸收到這些養分所形成的交互作用（日本農林水產省）。

蔬果中含有極豐富的維生素、礦物質及膳食纖維。維生素能夠抑制致癌物質與活性氧的形成；礦物質中的鉀有助降低血壓；膳食纖維可以清理腸道，還能預防糖尿病等生活習慣病。**正因攝取蔬果有助疾病的預防，所以才會提倡一天至少要攝取三百五十克的蔬果量。**

然而，對於忙碌的現代人而言，該如何吃到三百五十克的分量卻是個問題。如果早中晚都能追加一盤一百二十克的蔬菜當然就能達標，不過，具體來說究竟是多少分量？光是思考都讓人覺得麻煩，這或許也是為什麼攝取量不足的族群會以年輕人居多。對此，各位可參考左頁內容。

1 一天的蔬菜攝取參考量

生食為 3 份雙手的量　　　　**汆燙為 3 份單手的量**

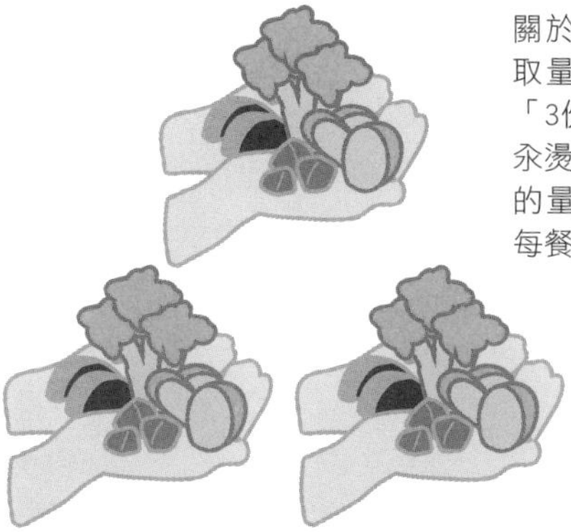

關於一天的蔬菜攝取量，生菜的話是「3份雙手的量」，汆燙則是「3份單手的量」，也就是說每餐分別吃1份。

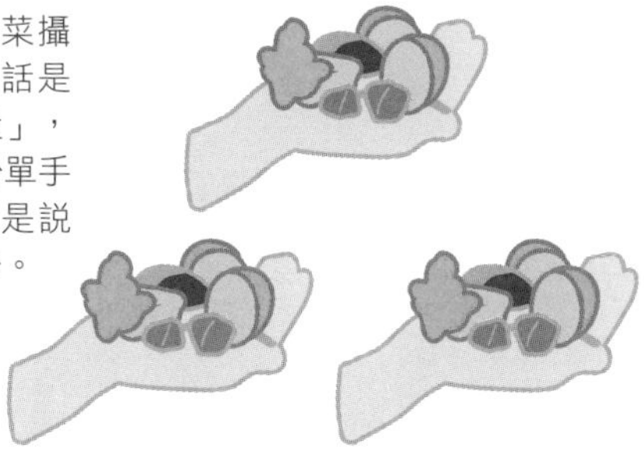

2 蔬菜攝取量仍然不足

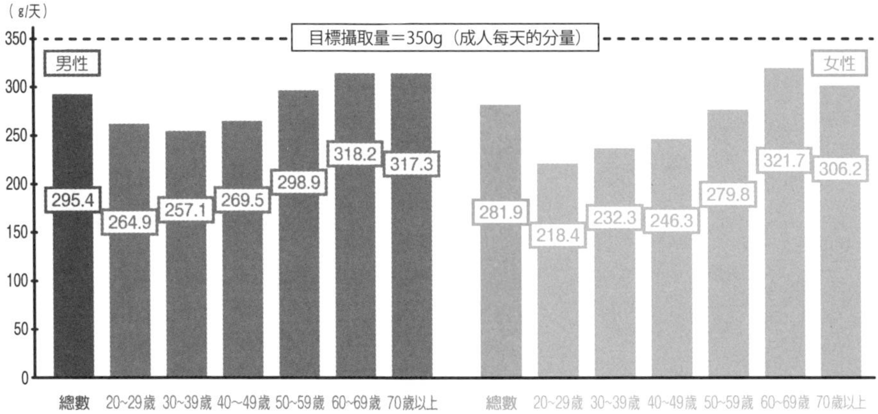
（g/天）
目標攝取量＝350g（成人每天的分量）
男性
女性
350
300
250
200
150
100
50
0
295.4
264.9
257.1
269.5
298.9
318.2
317.3
281.9
218.4
232.3
246.3
279.8
321.7
306.2
總數
20~29歲
30~39歲
40~49歲
50~59歲
60~69歲
70歲以上
總數
20~29歲
30~39歲
40~49歲
50~59歲
60~69歲
70歲以上

不同年齡層及男女的每天平均蔬菜攝取量（2017 年　日本厚生勞動省）

這點有夠強

蔬菜富含維生素等各種營養，光靠營養食品較難期待能夠吸收到蔬菜本身帶有的所有養分，因此，每天攝取350g的蔬菜可說是非常重要。

Q 菇類不算是植物？

A 雖然不是植物，與植物卻有密切關係

菇類和苔類或蕨類一樣，都是靠孢子（菇類的生殖細胞）繁殖，但菇類不算植物，而是屬於菌類。

整個生物圈可分為三大「界」，「植物界」「動物界」以及「菌物界」。菌類是屬於菌物界的生物。

雖然稱菇類為菌類，但與大腸菌這類細菌又不同。順帶一提，細菌是細胞內沒有細胞核的「原核生物」，酵母菌與菇類則是有細胞核的「真核生物」（關於生物分類請參照第六十三頁）。

在自然界裡，菇類會生長於松樹樹根或倒木上，不過在這之前，菇類和地底的黴菌一樣，都會長成像線般的菌絲。

接著從地底會冒出子實體至地面，這就是我們熟悉的菇類。子實體相當於植物負責製造種子的花朵，會從菇傘裡散播孢子。

這時，菇類的生命尚未結束。植物根部附著著許多菌物，身為菌類的菇類也會以菌物身分，附著於樹木或根部，和植物進行養分交流。當樹木傾倒時，菇類還能分解樹木，使其回歸土壤。這是因為木材的化學成分中，含有菇類才能分解的物質。

菇類可分為兩大類，**一般熟悉的香菇、滑菇、金針菇、鴻喜菇等「腐生性菇類」的養分來源是死掉的植物。較少見的松茸、玉蕈離褶傘、松露等「菌根性菇類」則是會生長於活著的植物上。**

腐生性菇類能夠以人工栽培，菌根性菇類則無法人工栽培，或是栽培難度非常高（如松茸等）。不過，無論是哪種菇類，都與植物有著密不可分的關係。

1 植物與菇類繁殖上的差異

植物的繁殖方法

種子 → 發芽 → 成長 → 開花、授粉 → 結果 → 種子

植物透過光合作用成長，並透過種子繁殖。

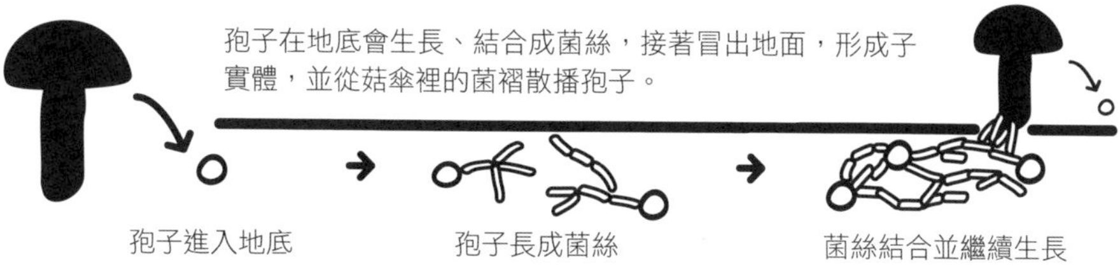
孢子在地底會生長、結合成菌絲，接著冒出地面，形成子實體，並從菇傘裡的菌褶散播孢子。
孢子進入地底
孢子長成菌絲
菌絲結合並繼續生長

菇類的繁殖方法

孢子 → 發芽 → 生長、結合成菌絲 → 子實體（菇體）→ 孢子

菇類必須仰賴植物維生，並透過孢子繁殖。

2 腐生性菇類與菌根性菇類

從倒木等處攝取養分的腐生性菇類。
與樹木共生的菌根性菇類。

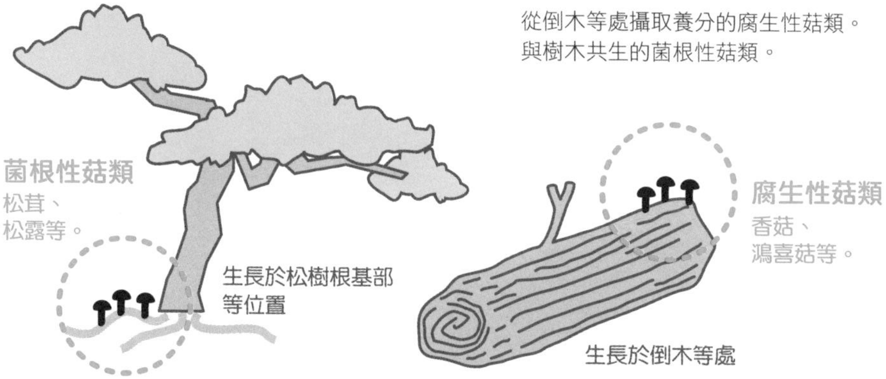
菌根性菇類
松茸、
松露等。
生長於松樹根基部
等位置
腐生性菇類
香菇、
鴻喜菇等。
生長於倒木等處

這點有夠強

日本共有4000～5000種菇類。腐生性菇類會從死掉的植物吸收養分來存活。餐桌上絕大多數的菇類都是能透過人工方式栽培的腐生性菇類。

Q 西瓜真的是用南瓜的根來栽培嗎？

A 蔬菜的嫁接栽培源自日本

遠自古希臘時代起，葡萄與蘋果等果樹的嫁接就被廣泛作為改良果實香氣、顏色與味道的栽培技術，日本從很早以前便有致力農業生產之人運用嫁接，種出美味的葡萄或梨子。即便到了今日，嫁接仍是栽培果樹、蔬菜及花卉不可或缺的技術之一。

嫁接是將想要繁殖植物的枝、芽，與其他帶根植物接合的種植法。嫁接技術也被運用在無法透過插枝繁殖的植物上，目的用途非常多元，不僅能夠增加栽培量、減少肥料量，還能預防病蟲害。想栽培的植物枝芽稱為接穗，用來接穗接合，帶有根的部分則稱為砧木。

植物可依序細分為界↓門↓綱↓目↓科↓屬↓種，只要屬於同「科」，基本上都能用來嫁接（關於分類法請參照第六十三頁）。

蔬菜是到了近幾年才開始能夠嫁接栽培。不過，據說早在一九二七年，日本兵庫縣的某位農民就首度以南瓜為砧木，西瓜為接穗成功嫁接。一九三〇年代起，農民開始用與西瓜同屬葫蘆科的扁蒲作為砧木；一九五〇年代以後，茄子、小黃瓜等多種蔬菜也都能嫁接栽培。

根據農研機構蔬菜茶葉研究所於二〇〇九年對日本全國農業協同工會所做的問卷調查，以嫁接栽培的利用率來看，番茄為百分之四十七、小黃瓜為百分之二十七、茄子為百分之十五、西瓜為百分之六、青椒與哈密瓜為百分之二點四。

目前，嫁接栽培已廣傳至世界各國，農研機構甚至開發出自動嫁接機。嫁接栽培不僅能運用於蔬菜，還能投入釀酒用葡萄等果實栽培上，當然也可以活用在花卉栽培。

1 如何製作嫁接苗

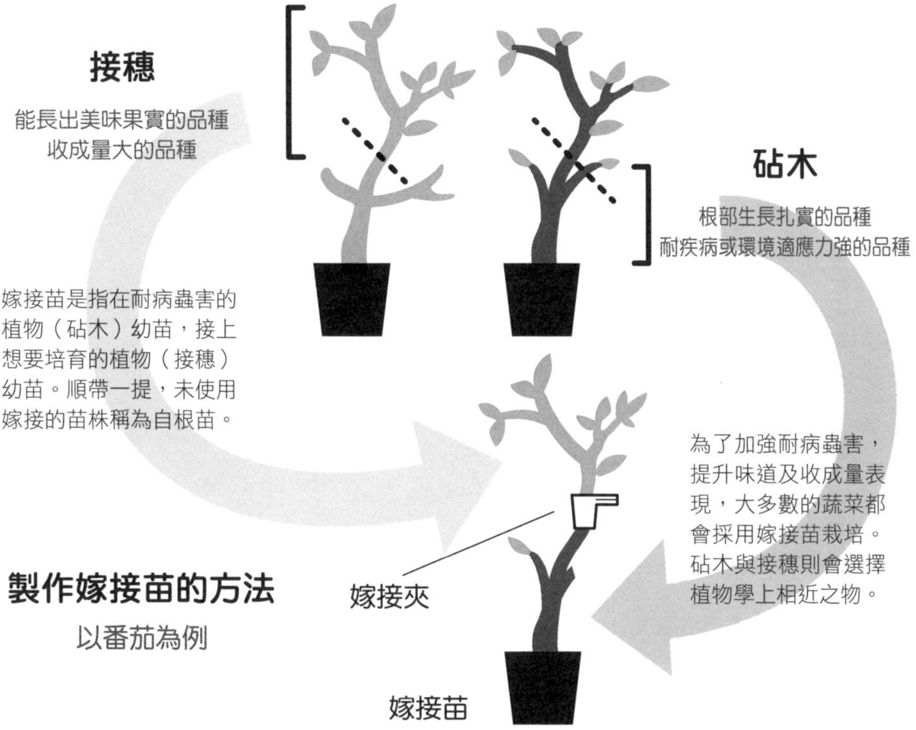
接穗
能長出美味果實的品種
收成量大的品種
砧木
根部生長扎實的品種
耐疾病或環境適應力強的品種
嫁接苗是指在耐病蟲害的植物（砧木）幼苗，接上想要培育的植物（接穗）幼苗。順帶一提，未使用嫁接的苗株稱為自根苗。
為了加強耐病蟲害，提升味道及收成量表現，大多數的蔬菜都會採用嫁接苗栽培。砧木與接穗則會選擇植物學上相近之物。
製作嫁接苗的方法
以番茄為例
嫁接夾
嫁接苗

2 各種嫁接法

斜接法

小黃瓜、苦瓜

將砧木與接穗斜切相接。

插接法

西瓜、哈密瓜

削細接穗，插入砧木中。

這點有夠強

小黃瓜、番茄、茄子等許多蔬菜都是嫁接栽培而成，這一切多虧了植物生育的可塑性以及彷彿沒有極限的發育能力。

Q 你是哪一派？紅茶派？綠茶派？還是咖啡派？

A 它們的共通點是咖啡因，至於要選哪一派則取決於想要增進健康或講究營養

咖啡、紅茶、綠茶這些由植物製成的嗜好性飲料常被拿來探討對健康的幫助。咖啡能夠預防腦中風、失智症；紅茶能夠抑制血壓上升；綠茶則有助減肥及預防生活習慣病。

不同名稱的茶類飲料在哪些項目有著怎樣的差異呢？除了麥茶、蕎麥茶等代用茶，其餘的茶類都是由「茶樹」的葉子製成。部分茶類雖然會利用茶葉發酵所產生的化學變化，但平常在喝的綠茶卻是以不發酵方式製成的「未發酵茶」。

發酵又可分為弱發酵（中國茶）、半發酵（烏龍茶）、全發酵（紅茶）、後發酵（黑茶）四種，前面三種方法以酵素發酵，又稱為「氧化發酵」；後發酵則是用名為麴菌的微生物來發酵。但不管怎樣，茶的種類會以有無發酵來做區分，最後成為風味迥異的茶類飲料。

然而，被作為嗜好品嘗的飲料其實帶點風險，那就是咖啡等飲料中所含的咖啡因。

以一杯（一百五十毫升）飲料的分量而言，玉露的咖啡因含量最高，但後座力較為緩和。以後座力發揮速度來看，咖啡居冠。另外，品嘗咖啡時，還必須注意「咖啡因中毒」。根據歐洲食品安全局（EFSA）的基準，每位健康且未懷孕成人一天的咖啡因攝取量只要不超過四百毫克，就不會有太大問題。

從左頁圖中可以看出，一杯一百五十毫升的咖啡含有九十毫克的咖啡因，這代表一天不超過四杯都算在安全範圍內。雖然咖啡可以紓壓，還是要避免無上限飲用。

1 每種茶的差異在於發酵程度

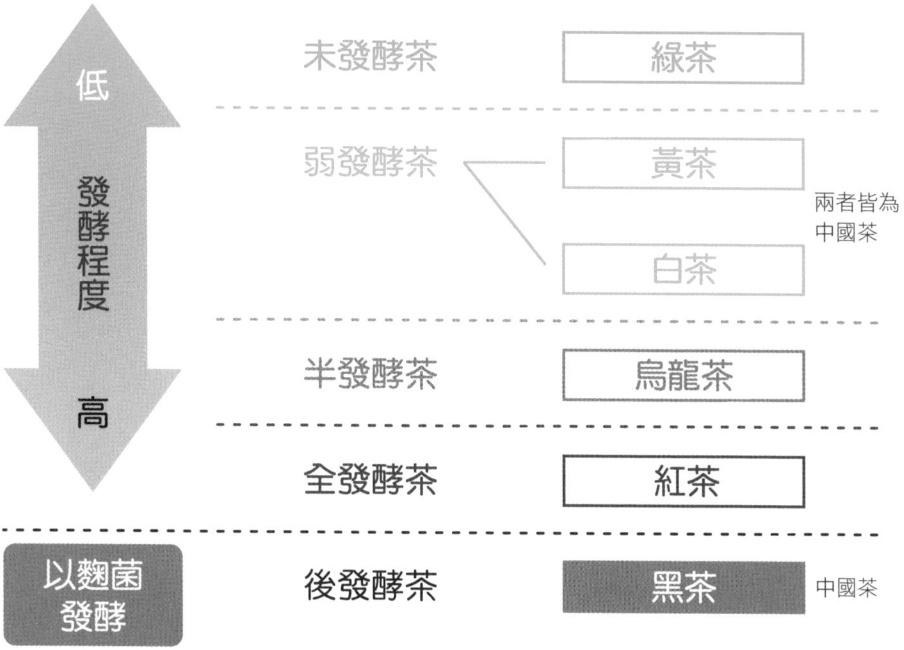
低
發酵程度
高
未發酵茶
綠茶
弱發酵茶
黃茶
白茶
兩者皆為中國茶
半發酵茶
烏龍茶
全發酵茶
紅茶
以麴菌發酵
後發酵茶
黑茶
中國茶

2 玉露的咖啡因含量最多

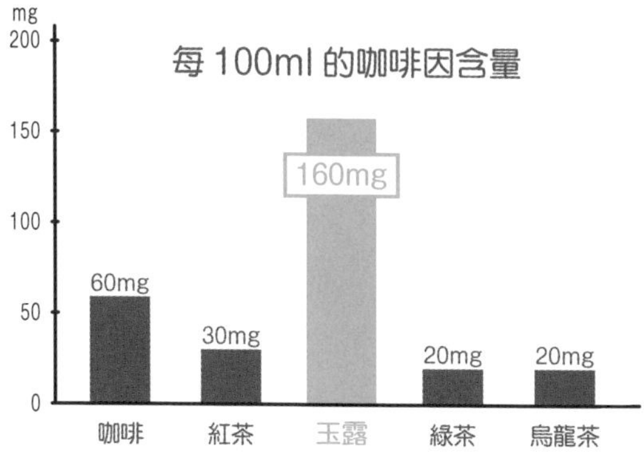
mg
200
150
100
50
0
每 100ml 的咖啡因含量
60mg
30mg
160mg
20mg
20mg
咖啡
紅茶
玉露
綠茶
烏龍茶

綠茶、紅茶、烏龍茶的原料相同，三者的差異在於發酵程度不同。咖啡的原料則是咖啡樹的果實，豆種基本上會以產地做分類，烘焙程度則會形成不同風味。

食品中所含的咖啡因
（出處：內閣府食品安全委員會）

這點有夠強

茶的原料是只有數公分大的茶葉，葉片愈小，價值愈高。製造綠茶時，被視為棄物揉捻掉的葉梗或葉枝還可製成「茶枝茶」。

Q 吃橘子時你會怎麼做？撕掉白絲？保留白絲？

A 丟掉白絲似乎很可惜─關於白絲的厲害之處

橘子的橙皮名為外果皮（Flavedo），剝掉皮後，最先看見的白絲名為中果皮（Albedo）。

外果皮帶有大量油胞，內含檸檬烯等精油成分，具獨特香氣。檸檬烯也會被用來當成洗劑成分。此外，橘子皮剝碎乾燥後，就成了中藥裡的生藥「陳皮」，有時也會作為佐料加入料理中。

中果皮本身含有豐富的維生素P。**其中，橘子所含的多酚─橙皮苷（Hesperidin）是能維持健康的營養素，因此近期備受矚目。**

實驗顯示，橙皮苷具有多種藥理成效，更有某間民間企業的研究單位開發出含有橙皮苷的飲料。

不過，白絲（中果皮）究竟是什麼呢？除了苔類植物，其他植物都有將水分及養分輸送至植物各處的維管束。**白絲就是維管束，透過橘子的蒂頭，讓根葉連結。**

白絲的另一邊則是與名為瓢瓣的袋狀物相連，這裡可是藏著橘子果實非常驚人的祕密。

剝開橘子的瓢瓣後，裡頭還擠滿了更小的水滴型袋狀物，每顆都帶有飽滿的果汁，這些其實都是橘子的「毛」。

「各位如果聽聞我們吃橘子時，品嘗的是毛裡面的汁液，想必會驚訝不已吧？但其實正因如此才有趣。萬一橘子果實裡沒有長毛，應該就不會是能吃的果實，甚至沒有人願意看它一眼吧！」（引用自牧野富太郎著作《植物知識》）。

1 橘子的構造與名稱

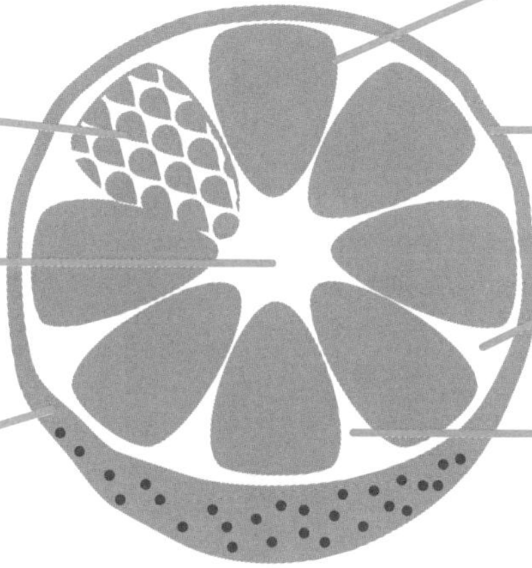
瓤瓣
內有果肉的袋狀物
汁囊
一顆顆的果肉
外果皮（Flavedo）
橙色部分
果心
中間的白色部分
中果皮（Albedo）
白絲與海綿狀部分
油胞
橘子皮表面
的點狀結構
維管束
白色條狀物

2 我們是在品嘗橘子的毛!?

吃橘子時，我們是品嘗它充滿果汁的橘色水滴型顆粒部分。這些看起來很像小袋子的顆粒，竟然是從薄皮生長出來的「毛」。

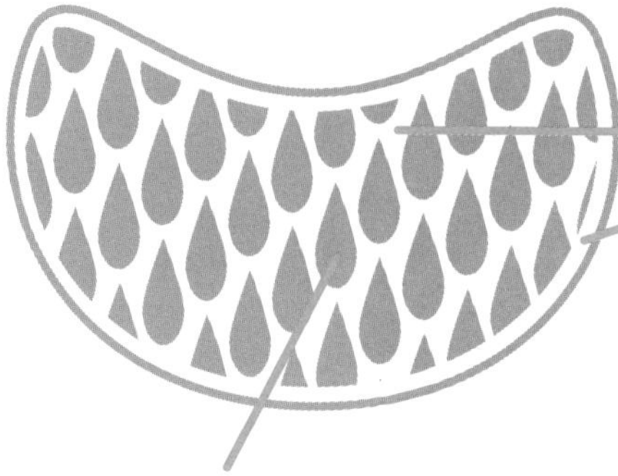
「橘子的毛」
與中果皮相連
充滿果汁

將橘子橫著扒開，不要撕掉薄皮，小心謹慎地拉裡面的顆粒物，會發現顆粒與細細的絲狀物相連，這就是橘子的毛。此處的絲狀物比薄皮外側的白絲更細，像是納豆拉出的細絲一樣。夏橙、葡萄柚等較大顆的柑橘類基本上也有著相同構造，各位都可以用來了解上述構造。

這點有夠強

果皮內的白色部分以及袋狀果實的白絲叫做中果皮，白絲更是負責將各種營養素運送至果實的「維管束」。

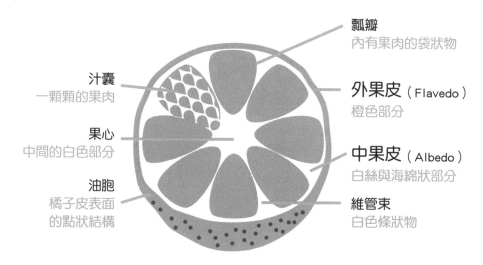

Q. 植物會有感覺嗎？

植物只要在某處往下扎根後，便無法移動，如果無法應付環境的不斷變化，就很難存活。植物既沒有像動物一樣的神經組織與腦部，也沒有動物的眼、耳、鼻等器官。那麼，植物是怎麼掌握環境變化的呢？

仔細觀察後應該就會發現，**植物能夠感受到光線與溫度的變化，甚至會透過氣味，與其他的植物或害蟲相互溝通**。植物其實沒有眼睛，但因為葉片中的每個細胞都帶有能夠感受到光線的「光受體」，所以細胞內能針對周遭環境的明暗變化做出適切的因應。

此外，植物細胞還具備一種名為「全能性（totipotency；能夠分化成形成個體的所有細胞種類）」的特性，只要培養出一個細胞，就有辦法再生出個體。所以植物就像是由許多名為細胞的小生物集結而成的生物。

A 植物其實沒有眼睛，但是感覺得到光線

反觀動物就沒有從一個體細胞再生出個體的神奇伎倆，基本上也只有在受精卵階段才具備全能性。

萬一動物失去眼睛，就會使視覺受損，不過植物細胞帶有光受體，所以就算某處受了傷，也只要捨棄該處，還是能繼續存活。動物雖然是透過雌雄的生殖行為來繁衍後代，但是植物除了可以有性生殖外，還能從一個細胞生成一個個體，以不被雌雄侷限的方式繁衍子孫。

這也代表植物與動物是採取完全不同的方式存活，就某種層面來說，植物的生存方式會比動物更靈活。

1 植物知道時間的變化！

法國科學家吉恩（Jean Jacques d'Ortous de Mairan）在1729年觀察置於暗處的含羞草葉片開閉狀態時，發現了週期性變化。

葉片打開
24H
葉片閉合

是陽光使植物
出現週期性反應嗎？

↓

昏暗室內

就算沒有陽光，
植物還是能維持24小時週期

吉恩將含羞草置於地下室，發現不管有沒有光線，含羞草都還是能以24小時的頻率開閉，這也和之後發現的生物時鐘有所關聯。

葉片打開
24H
葉片閉合

2 發現打造生物時鐘的基因

合歡（Albizia julibrissin，豆科）

吉恩研究的200年後，也就是1936年，德國植物生理學家布寧（Erwin Bunning）在研究豆科植物的過程中，發表了「以光週期性為基礎的內在周律」這篇極具跨時代意義的論文，證實了生物時鐘確實存在。布寧認為，每個細胞都帶有生物時鐘，因此是遺傳，但當時仍無法得知究竟是哪種基因與遺傳機制。1980年代後半負責解開這些謎團的3位科學家則是在2017年，獲頒諾貝爾生理醫學獎。

這點有夠強

牽牛花會在清晨開花，旋花會在白天開花，因為這些植物記住了以24小時為單位的時間變化，此變化又稱為晝夜節律，是所有生物都具備的機制。

Q 常綠植物為什麼到了冬天還能保持綠色？

A 為了過冬會增加某種物質，所以不會枯萎

在嚴寒冬天裡，既不會枯萎，也不會落葉，能常保青綠樹葉的植物稱為常綠樹（常綠植物），常綠樹自古以來就是生命永恆的象徵。舉例來說，白花八角（Illicium anisatum）又名為佛前草，會被用於法事或供奉墓碑；境樹（紅淡比，日本稱之為榊）則是作為人神分界，自古便被供於神明之前。

其實常綠樹的葉子如果在盛夏處於冰點以下的環境，還是會結凍枯萎。**常綠樹正因為了過冬，做好不枯萎的準備，所以就算到了冬天還是能保持常綠**。

舉例來說，常綠樹會透過光合作用，讓葉片合成比平常更多的糖分，避免葉片結凍。水會在零度C時結冰，細胞內的水分一旦結凍，又硬又銳利的冰塊結晶就會使細胞內部受損。不過，如果水裡面有溶解糖，就能降低結冰的溫度，這個現象又稱為「凝固點下降」。如此一來，就算細胞外面結冰，裡面還是能繼續存活。

話說回來，細胞外面結冰的話，不會導致植物整體受損，甚至死亡嗎？對植物而言，體內結冰是相當異常的情況，會形成極大的壓力。

不過，我們可以確定的是，細胞外的結凍能夠預防細胞內的結凍，細胞內的水分會被冰吸引，排至細胞外。接著，包圍住植物細胞的細胞壁與細胞膜還會對冰形成防禦，避免冰侵入細胞內。

人們會利用葉片迅速形成糖分準備過冬的特性，故意將溫室栽培的蔬菜在室外寒風中擺放一段時間受寒，這樣就能變成充滿鮮味、富含大量維生素的甜美冬季蔬菜。因為凝固點下降的效果，使植物細胞內的糖分、胺基酸、維生素增加，這種方法稱為「寒締栽培」，栽培出的蔬菜名為「寒締蔬菜」。

1 植物細胞內的脫水機制與細胞內的糖分增加

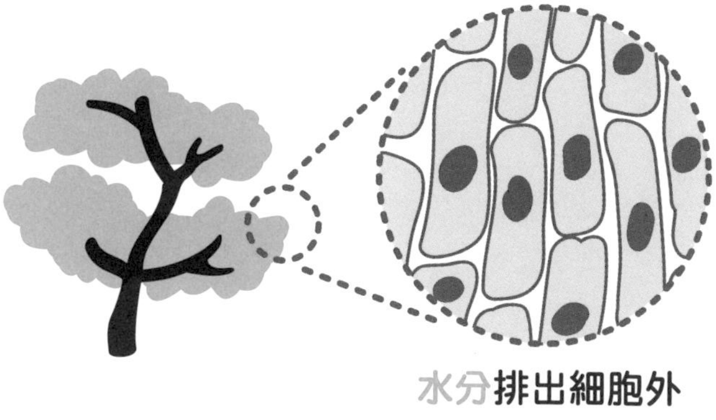

細胞內的水分一旦結凍，細胞就會死亡。

↓

植物會增加糖分，讓水的凝固點降低，避免細胞內結冰。

↓

最先結凍的是細胞外的水分。不過，冰具備吸引水分的特性，因此細胞內的水分會往細胞外流動。這也是為什麼細胞內不會結凍的原因之一。

〈凝固點下降〉

由於細胞內帶有大量含糖的水分，使凝固點降低，變得不易結冰。

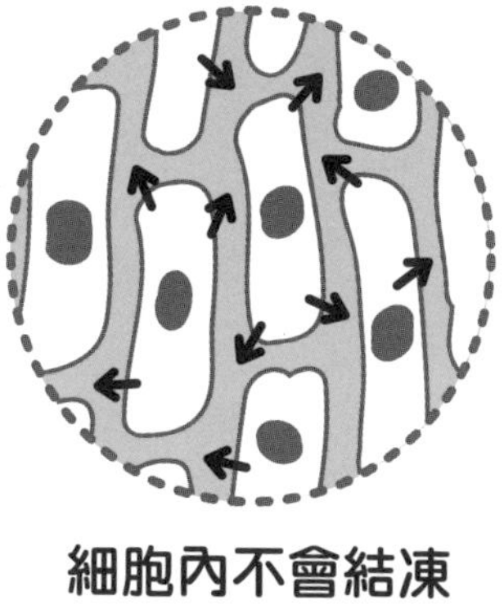

2 常綠樹還是會落葉

初夏會落葉的樹木有栲樹（山毛櫸科）、青剛櫟（山毛櫸科）、樟樹（樟科）等常綠闊葉樹。這些樹撐過寒冷冬天，在初夏時長出新葉後，就會掉落乾掉的褐色舊葉。尤其是樟樹會在4月底～5月上旬掉落大量樹葉，但同時也會長出新葉，所以落葉就變得不是那麼醒目。

這點有夠強

冬天到早春的白蘿蔔、大白菜等蔬菜為什麼很甜，是因為這些蔬菜為了度過寒冬，會讓細胞內的糖分增加。

Q 為什麼果實會變熟？

A 這都要多虧植物成熟時釋出的荷爾蒙—乙烯

香蕉進口到日本時，顏色是深綠色。黃色香蕉容易寄生來自產地的農業害蟲，根據日本植物防疫法規定，這樣將無法進口至日本。害蟲不會寄生在綠色香蕉上，所以香蕉登陸日本時會是綠色狀態，但這樣的香蕉無法直接食用。

進口後還必須經過催熟處理，變成正值品嘗時期的甜美黃色香蕉後再出貨。催熟香蕉使用的是乙烯氣體。

乙烯的化學式單純，透過大量乙烯的分子相接的聚合反應，就能形成聚乙烯。

正因如此，乙烯成了你我身邊常見的有機物，蘋果等果實也會釋放出乙烯氣體。如果將蘋果擺放於香蕉旁，就會使香蕉熟得更快。

乙烯是裸子植物與被子植物這類高等植物會形成的一種植物荷爾蒙，對植物一生會帶來各種影響。

乙烯較有名的作用雖然是促進果實的成長、老化，但其實它也具備讓葉片及花瓣掉落、促進或抑制發芽、莖部變長或長粗等功效。

落葉雖然與葉片形成的乙烯有直接關係，但促進葉片老化，在落葉前形成離層（於葉片基部生成的細胞層）的，則是一種名為生長素（Auxin）的植物荷爾蒙。

與植物生命週期相關的植物荷爾蒙大約有十種。**以萵苣等長日照植物為例，能讓植物長出花苞、開花的就是一種名為吉貝素（Gibberellin）的植物荷爾蒙。一般最為人熟知的是噴灑吉貝素後，能夠種出無籽葡萄。**

1 乙烯能讓香蕉成熟

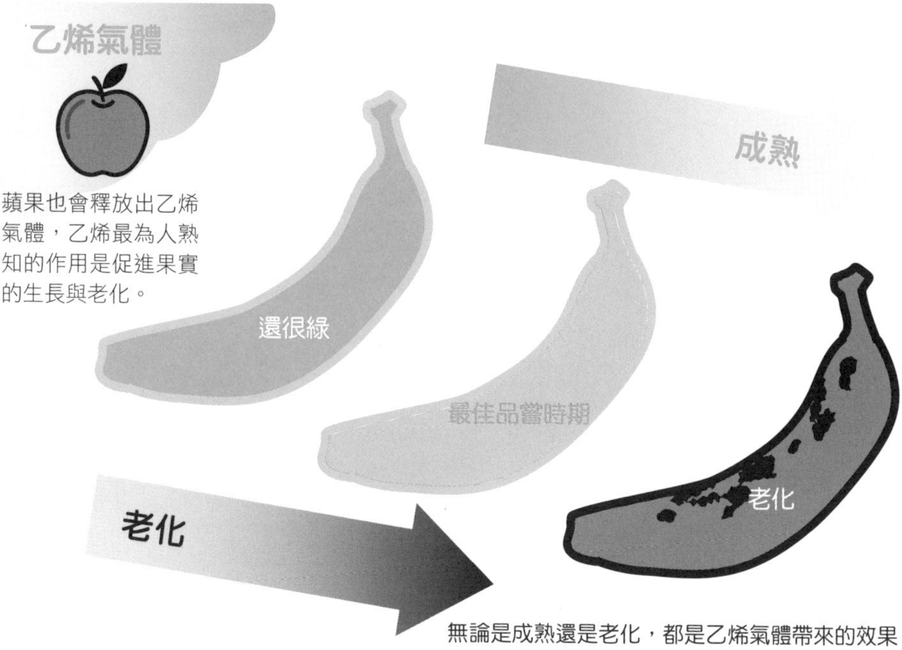
乙烯氣體
蘋果也會釋放出乙烯氣體，乙烯最為人熟知的作用是促進果實的生長與老化。
成熟
還很綠
最佳品嚐時期
老化
老化

無論是成熟還是老化，都是乙烯氣體帶來的效果。

2 多虧了煤氣燈，才能發現乙烯

據說古埃及與古中國是從經驗所累積的知識，得知讓果實成熟的方法。在19世紀的歐洲，如果街道設有煤氣路燈，那麼種植於旁的路樹就會出現比平常更快落葉的現象。根據之後的研究才知道，煤氣燃燒時所產生的其他氣體是加速落葉的原因，也因此發現了乙烯的存在。此外，1930年代經化學研究，也證明了收成的蘋果會產生乙烯氣體。

這點有夠強

蔬菜也會產生乙烯。將蔬菜豎立保存的話，能減少乙烯的產生，比橫放更能維持鮮度。

Q 為什麼會有無籽水果？

A 突變生成的香蕉是三倍體，所以不會長出種子

香蕉原產於熱帶亞洲，生長在當地的香蕉裡頭原本塞滿了種子，不過某天突變後，長出了無籽香蕉。但是，**沒有種子就無法透過種子繁殖，於是必須像竹子一樣，透過「分株」繁殖。**

為什麼突變長出的無籽香蕉會長不出種子呢？相同的雌雄生物交配後，雄性的精子會與雌性的卵子結合變成受精卵。受精卵分別帶有雄性一半的染色體與雌性一半的染色體。

舉例來說，人有四十六條染色體，所以受精卵會接收分別來自父親與母親的二十三條染色體，總共就會繼承四十六條染色體。只要是能繁衍子孫的生物，所有的染色體就都能分成一半。如果將一半的染色體視為一組，那絕大多數的生物都擁有兩組染色體，又稱為「二倍體」。

發生突變時，會出現總計三組的一半染色體，也就是「三倍體」。受精時，三倍體沒有辦法均勻分成等半，**而無法長出種子的香蕉就是三倍體。**

不過話說回來，如果長出四倍體的植物會是什麼情況？

二倍體植物與突變的四倍體植物交配的話，二倍體植物的卵子與精子（各一組染色體）會與四倍體植物的卵子與精子（各二組染色體）融合，形成1＋2＝3倍體。

三倍體植物在生長上不會有什麼問題，形體也相當正常，外觀與其他二倍體植物沒有差異。不過如同前方所述，三倍體無法長出正常的種子，這也成了栽培無籽香蕉或無籽西瓜的方法。

1 什麼是二倍體？什麼是三倍體？

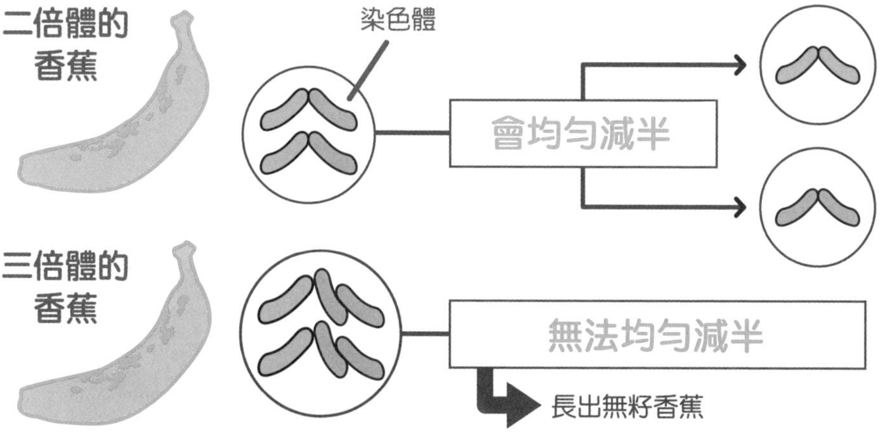
二倍體的
香蕉
染色體
會均勻減半
三倍體的
香蕉
無法均勻減半
長出無籽香蕉

2 沒有種子的香蕉該如何繁殖？

香蕉的小孩「吸芽」

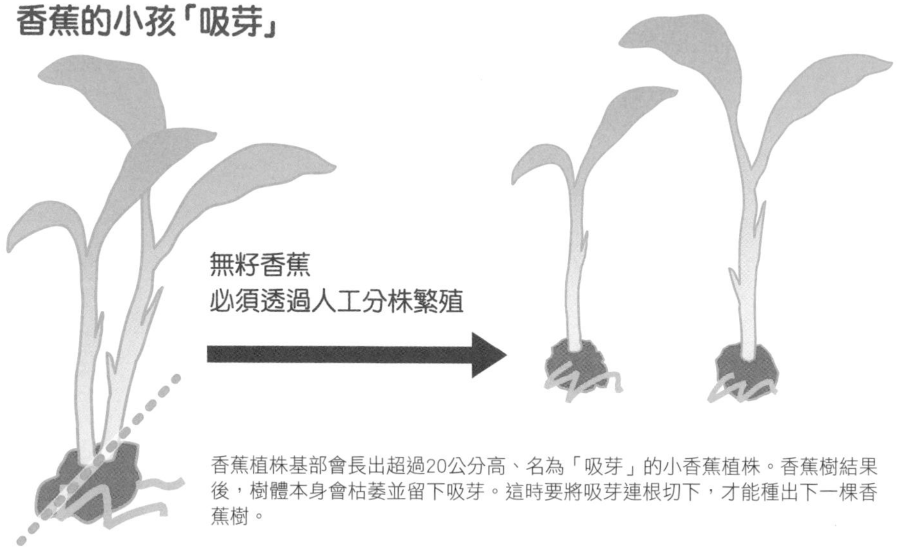
無籽香蕉
必須透過人工分株繁殖

香蕉植株基部會長出超過20公分高、名為「吸芽」的小香蕉植株。香蕉樹結果後，樹體本身會枯萎並留下吸芽。這時要將吸芽連根切下，才能種出下一棵香蕉樹。

這點有夠強

突變長成的四倍體能跟一般的二倍體交配。這類交配種會長成三倍體，無法進行正常的受精，但除了沒有種子以外，其餘都相當正常，所以能夠結成沒有種子的大顆果實。

COLUMN 2

誰是鳶尾？誰是花菖蒲？

各位是否有這樣的經驗？

五月初到了公園或植物園，能看見園裡開著美麗的花朵。

六月初再去時，發現開著的花朵與五月看見的花朵很像。仔細觀察後，察覺六月的花朵開在類似溼地的環境，看起來應該是不同花朵，卻又不是很確定……。

各位最先看見的是「鳶尾」，接著看見的是「花菖蒲」，兩者都是「鳶尾科」。「燕子花」同樣屬於鳶尾科，與鳶尾及花菖蒲長得很像。

鳶尾的花瓣基部呈網目狀，花菖蒲與燕子花的花瓣基部則會是白色或黃色。

第2章

事到如今實在不好開口問人植物的「基本」

Q 植物為什麼知道春夏秋冬？

A 植物主要會從日照長短來掌握季節變化

人類和植物一樣，都知道當日照變短，就表示冬天即將來臨；變長的話，則代表夏天快到了。對植物而言，日照長度是能掌握季節變化最可靠的線索。

即使是在夏天，某些時候的氣溫還是可能變冷或出現巨幅改變，所以不能完全相信氣溫。但是日照長短，也就是每天白天的時間長度（明期）與夜晚的時間長度（暗期），會非常有週期性且規則地緩慢變化。

日照長度又稱光週期。光週期是讓許多植物知道究竟何時該成長、何時該開花的重要關鍵。由光週期衍生出的反應稱為「光週性」，不只有植物，就連動物也具備光週性。

正因如此，光線除了扮演著光合作用能量來源的角色外，更負責提供資訊，光受體（光敏素或隱花色素）會將這些情報傳遞至生物時鐘（參照第三十五頁），便能測量日照長度。

那麼，對植物來說，明期與暗期長度中，哪個資訊的可靠度會比較高呢？十分意外地，比起明期長度，不會中斷的暗期長度反而更加重要。這是在暗期過程裡，照紅光中斷暗期的實驗所發現的結果。

舉例來說，櫻花會在春天來臨時綻開，夏天有牽牛花、秋天是波斯菊、冬天則是山茶花。**花朵會在固定的季節開花，都是植物的生物時鐘（亦稱為生理時鐘）與光週性搭配後展現的技能。**

植物可分為日照時間變短就會開花的短日照植物、日照時間變長才會開花的長日照植物，以及開花不被日照長短侷限的中性植物。有些中性植物一年四季都能開花，有些則是只有春秋兩季才會開花。

植物的開花方式則可大致分為三種。

1 植物對日照長度變化的反應

短日照植物的綻開條件：
未中斷的暗期（臨界暗期）較長

長日照植物的綻開條件：
未中斷的暗期（臨界暗期）較短

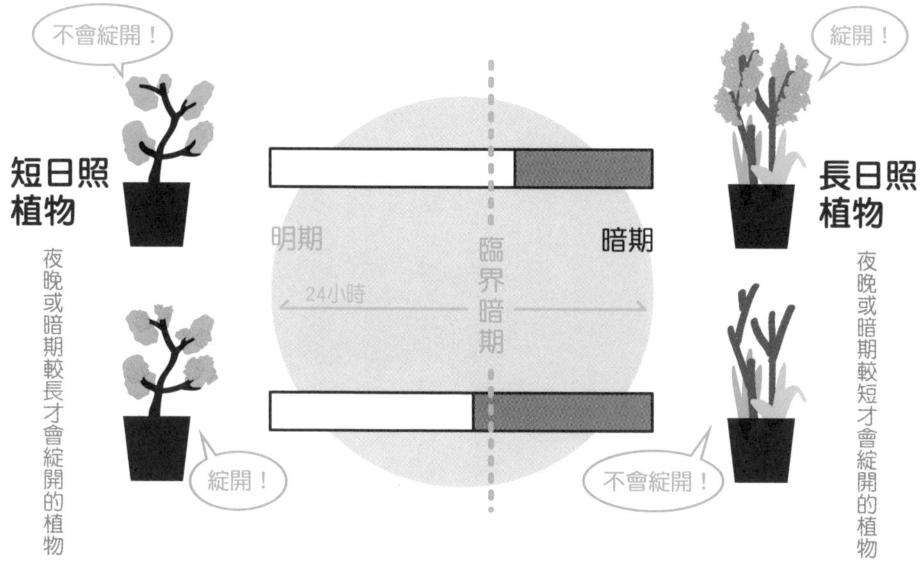
不會綻開！
綻開！
短日照植物
長日照植物
明期
暗期
臨界暗期
24小時
綻開！
不會綻開！
夜晚或暗期較長才會綻開的植物
夜晚或暗期較短才會綻開的植物

2 光線中斷會怎麼樣？

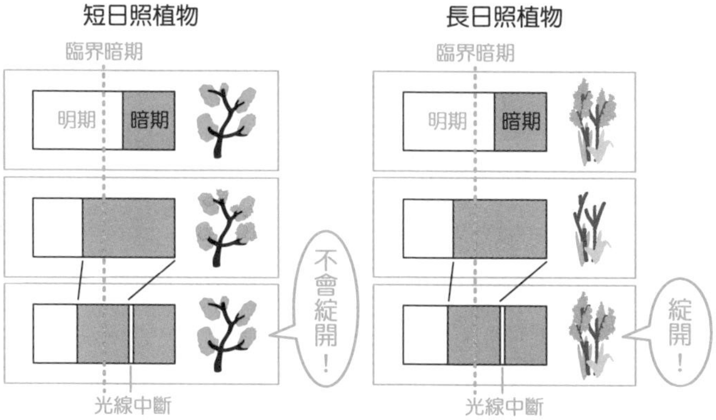
短日照植物
長日照植物
臨界暗期
明期
暗期
不會綻開！
綻開！
光線中斷

在暗期照紅光，調查長日照植物與短日照植物開花變化的實驗稱為光中斷。暗期被中斷的話，連續暗期就無法超越臨界暗期（圖片中的點線），這時短日照植物不會綻開，但長日照植物會綻開。

想問問這個

植物的開花方式可大致分為3種。除了有依照日照長度變化決定開花時期的短日照植物與長日照植物，還有開花不被日照長短侷限的植物（中性植物）。

Q 雖然說「植物不會動」……？

A 只要植物有在成長，就會持續運動

植物與動物其中一項明顯差異，並不是會不會動，而是動的速度快慢。

就算很有耐心地觀察植物，我們還是沒有辦法立刻看出眼前植物的活動。不過，如果長時間設置高速攝影機並按重播的話，就能觀察到植物像動物一樣相當具生命力成長的模樣。植物雖然不會移動，卻能緩慢地生長運動。

對十九世紀的英國人而言，植物不會運動是很一般的常識，但以提出進化論聞名的查爾斯・達爾文（Charles Darwin）則透過長年觀察，打破了這個先入為主的觀念。

達爾文更因此出版了多達五百頁的大著作《植物運動的力量》（The Power of Movement in Plants，一八八〇年），文中明確提到，藉由對超過三百種植物進行觀察，發現只要植物有在成長，就會持續運動。這個研究不僅讓達爾文以進化論聞名，更被冠上植物生理學之父的名號。

植物與動物的第二項差異在於細胞。最先發現細胞的是十七世紀英國的羅伯特・虎克（Robert Hooke）。虎克用顯微鏡觀察軟木塞的切片時，看見了許多像是被區隔開來的「小房間」，於是將這些小房間取名為 Cell（細胞）。

用來區隔每個小房間的，是植物細胞特有的「細胞壁」。**動物的細胞中沒有細胞壁，沒有骨頭的植物必須藉由細胞壁，才能夠扎實地挺立生長。**

第三項差異則是攝取營養的方式。植物會藉由光合作用自行製造養分，人們在十九世紀後半才知道這件事。從養分觀點來看，動物一直深受植物的照顧。

1 植物與動物細胞上的差異

植物細胞 **動物細胞**

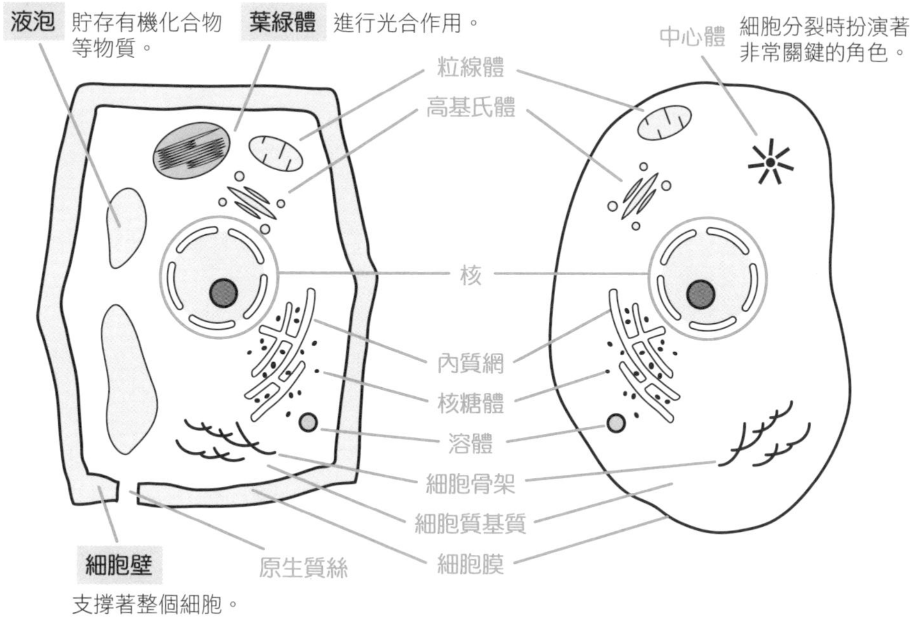
液泡 貯存有機化合物等物質。
葉綠體 進行光合作用。
中心體 細胞分裂時扮演著非常關鍵的角色。
粒線體
高基氏體
核
內質網
核糖體
溶體
細胞骨架
細胞質基質
細胞膜
細胞壁
原生質絲
支撐著整個細胞。

2 羅伯特・虎克精細描繪的顯微鏡畫

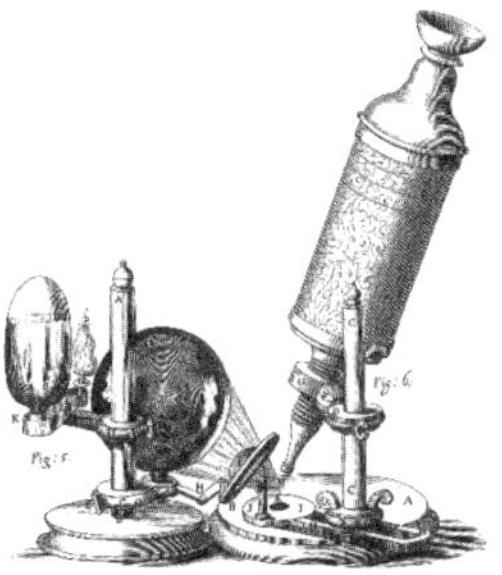

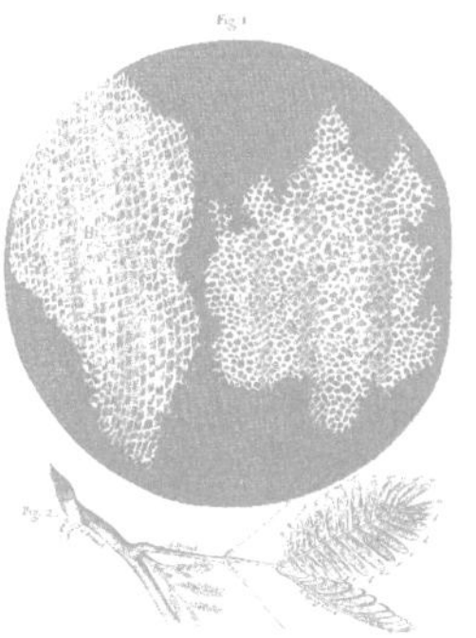

左邊是虎克自製的顯微鏡。右邊是虎克描繪出的軟木塞細胞構造。軟木塞已經沒有生命，所以這張圖是在描繪聚集了許多細胞壁的軟木塞。

想問問這個

支撐著整個細胞的「細胞壁」、非常發達的「液泡」，還有負責光合作用的「葉綠體」，這些都只存在於植物細胞中。細胞分裂時，扮演著關鍵角色的「中心體」則是只存在於動物細胞。

Q 你說得出草木的差異之處嗎？

A 比起「定義」，會更著重於「外觀」

植物學雖然將草稱為草本、樹木稱為木本，其實本質上並沒有差異。樹皮內有薄薄的形成層，這裡的細胞會不斷分裂肥大生長，最後形成年輪的就是木本植物。

但這不代表沒有年輪的就是草本植物。舉例來說，木本的椰子樹幹中就沒有形成層，所以有無形成層不能拿來區分是草本植物還是木本植物。若要有個依據，**那麼莖幹木質化植物為木本植物，其餘則是草本植物的分法應該會比較符合常識。**

目前區分草本與木本時，並沒有多數專家皆認同的明確定義，基本上會以外觀來區別。

不過，會形成種子的高等植物則是能夠細分為裸子植物（蘇鐵、銀杏、松樹等）與被子植物（包含陸地上九成的植物）。**裸子植物包含化石全都歸類為木本。**然而，被子植物的祖先推測是從裸子植物演化而來，並出現於裸子植物之後。裸子植物的花朵沒有造形花瓣，除了鐵蘇的同類（還有倪藤的同類），其餘的裸子植物都必須靠風傳播授粉。

反觀，被子植物的花朵帶有花瓣，這些花瓣是用來吸引昆蟲，以花蜜作為報酬，達到確實授粉的目的，讓自己大量繁殖。

被子植物又可以細分為有兩片子葉（最先長出的葉子）的雙子葉植物與只有一片子葉的單子葉植物。單子葉植物是由原始的雙子葉植物演化而來。約莫二十五萬種的被子植物中，占了四分之一的單子葉植物絕大多數都是草本植物，但還是有木本植物。

與單子葉植物相比，**雙子葉植物的木本植物多於草本植物。**椰子樹雖然是單子葉中的木本植物，但基本上並不會形成年輪。

1 木本與草本植物的現身

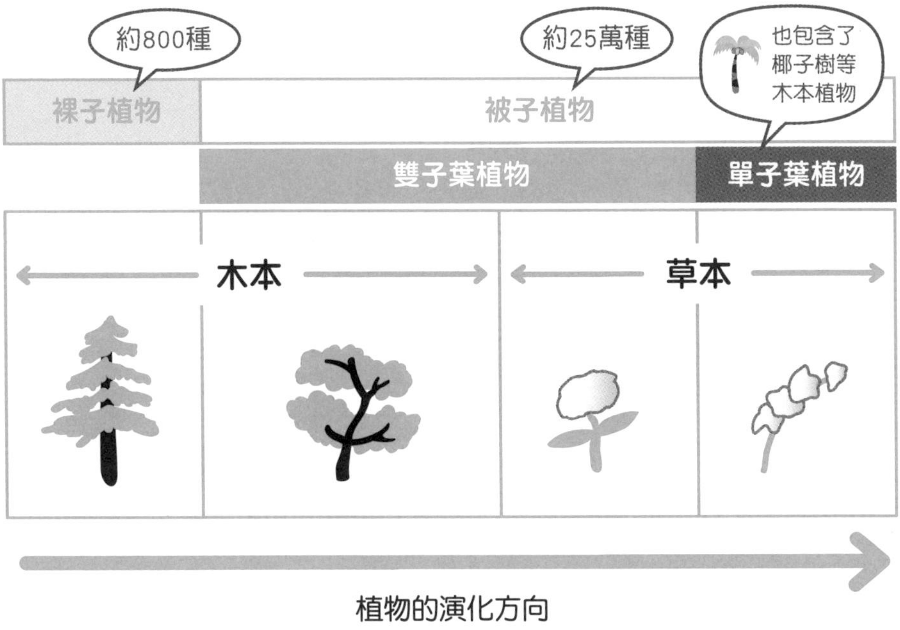
約800種
約25萬種
也包含了
椰子樹等
木本植物
裸子植物
被子植物
雙子葉植物
單子葉植物
木本
草本
植物的演化方向

2 植物的演化歷史

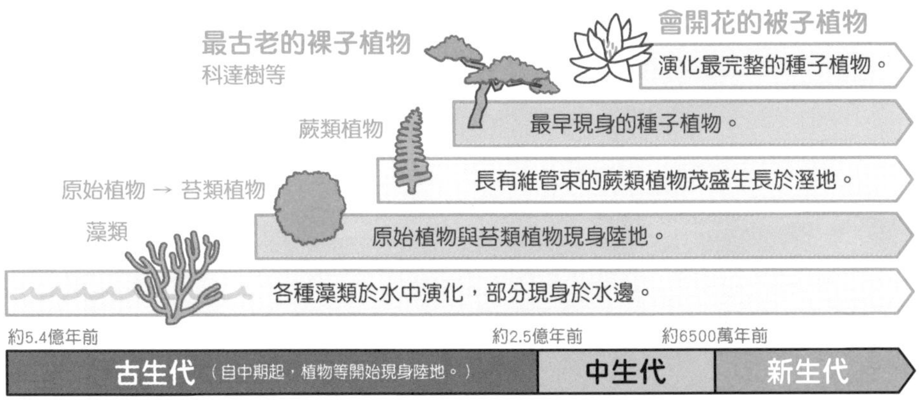
會開花的被子植物
演化最完整的種子植物。
最古老的裸子植物
科達樹等
最早現身的種子植物。
蕨類植物
長有維管束的蕨類植物茂盛生長於溼地。
原始植物 → 苔類植物
原始植物與苔類植物現身陸地。
藻類
各種藻類於水中演化，部分現身於水邊。
約5.4億年前
約2.5億年前
約6500萬年前
古生代（自中期起，植物等開始現身陸地。）
中生代
新生代

想問問這個

草本與木本植物在本質上並無不同。木本是指莖部木質化、肥大生長且壽命較長的植物。草本植物的莖部既不會木質化，也不會肥大生長，屬於壽命較短的植物。部分植物則較難區分是草本還是木本。

Q 為什麼含羞草會低頭敬禮？

A 葉片基部的細胞壁膨壓變小，含羞草才會低頭敬禮

植物的運動速度非常緩慢，所以無法直接看出變化（第四十六頁），不過，含羞草的膨壓運動及捕蠅草的捕蟲運動（參照第七十九頁）卻是例外。

如果人或動物碰觸含羞草的葉片，或是接觸到風、雨、震動等來自外部的物理刺激，那麼含羞草就會快速閉合葉片、縮起葉枕（葉柄基部），使葉片整個下垂。過程只需數秒鐘，對植物而言是非常例外的速度。

葉片閉合是因為遇到刺激時，葉枕下方的細胞壁膨壓就會變小，導致無法支撐住整個葉片，也是這樣的機制讓含羞草會低頭敬禮。所謂膨壓，是指細胞因為細胞內的水分膨脹，壓向細胞壁時所產生的壓力。

構成含羞草葉枕的細胞稱為葉枕細胞，上方的細胞壁會比下方厚，所以含羞草會縮起只和下方細胞壁的變化有關聯。葉枕下方細胞壁所承受的膨壓變小，細胞就開始流出水分。這時，細胞壁會失去彈性，無法支撐住葉片重量，於是出現低頭敬禮的下垂狀態。也有人說這是含羞草為了避免被動物吃掉，但目前仍不知道確切的原因。

動物活動肌肉的機制與肌動蛋白等蛋白質有關。來自神經的電氣訊號會改變肌動蛋白的位置，使肌肉細胞收縮。**而含羞草也會藉由鉀離子動作電位所形成的電氣訊號傳遞各種刺激，使葉枕下方細胞的肌動蛋白散開，流出水分，進而讓葉片下垂。**

下垂後二十分鐘左右，葉枕下方的肌動蛋白會恢復正常，葉片就能回到原本的模樣。

1 含羞草會快速低頭敬禮

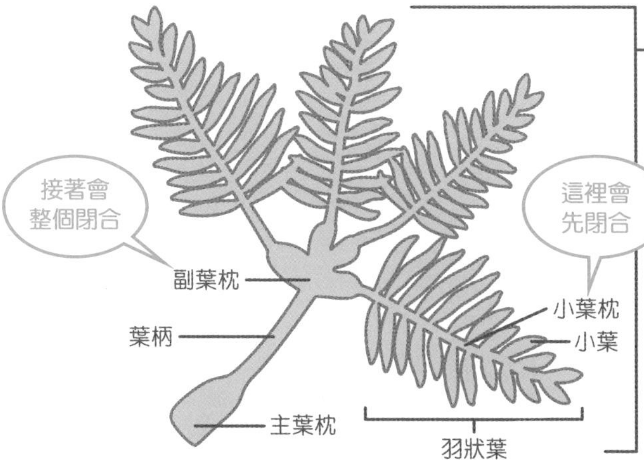
這樣算是1片葉片
接著會整個閉合
這裡會先閉合
副葉枕
葉柄
小葉枕
小葉
主葉枕
羽狀葉

①小葉基部的小葉枕起反應後就會閉合。
②接著羽狀葉根部的副葉枕會起反應，使葉片整個閉合。
③最後位於葉柄根部的主葉枕也會起反應，使葉柄整個朝地面下垂。

2 低頭敬禮的機制

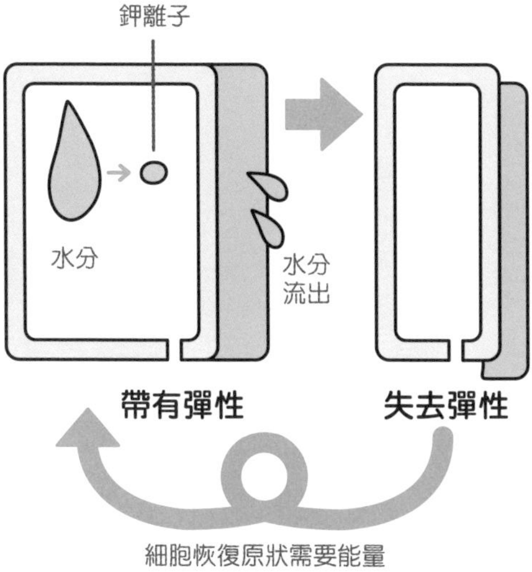
鉀離子
水分
水分流出
帶有彈性
失去彈性
細胞恢復原狀需要能量

含羞草所接收到的刺激會透過鉀離子形成電氣訊號，並傳遞至葉片基部的葉枕細胞。這時，細胞內的鉀離子會排至細胞外，使細胞內的肌動蛋白散開，水分流出，導致葉枕無法支撐住葉片，所以才會低頭敬禮。要讓含羞草恢復原本的模樣，就必須讓流出的鉀離子回到細胞內。如果要把洩氣的氣球再吹起來，不只需要能量，還會花費比洩氣更長的時間，當中的道理其實與含羞草還蠻類似的。

想問問這個

含羞草被摸後會低頭敬禮是因為葉枕細胞下垂的緣故。合歡等豆科植物則會進行睡眠運動，在白天打開葉片，晚上閉合葉片，這是植物根據畫夜節律會出現的運動。

Q 夜晚沒辦法進行光合作用的時候，植物也會睡覺嗎？

A 植物就算夜晚也不休息，會繼續製造能量

人類為了活著，必須從各種食品中攝取養分。碳水化合物、脂肪、蛋白質又稱為三大營養素，是所有生物的必需品。其中的碳水化合物（醣類）更是最容易獲得能量的營養素。

那麼，該怎麼從糖分中獲得能量呢？**糖分沒有辦法直接作為能量使用，它必須在體內氧化，轉換成名為ＡＴＰ（三磷酸腺核苷）的物質。**為了能夠氧化，就必須讓氧氣進入體內，這時會透過呼吸取得氧氣。ＡＴＰ不只能夠貯存或釋放能量，還負責生物體所需物質合成的重要任務。

ＡＴＰ的角色就像是我們在使用的金錢，因此又被稱為「生物體的能量貨幣」。

植物會在白天吸收空氣中的二氧化碳，生產醣類等養分，並釋放出氧氣。這個過程稱為光合作用（詳細內容參照第一百一十四頁）。那麼植物會不會有和動物一樣，吸進氧氣、吐出二氧化碳的呼吸行為呢？其實植物也會呼吸。植物不僅透過光合作用製造ＡＴＰ，還能藉由呼吸產出ＡＴＰ，進而獲得能量。

植物必須呼吸才能生長，不過它能自行產出用來生產ＡＴＰ的醣類，所以植物並不需要吸收醣類。

那麼，植物會在什麼時候呼吸呢？白天的光合作用雖然比較旺盛，但其實植物也有在呼吸；夜晚沒有光，無法行光合作用，所以會變成呼吸比較旺盛。植物就是這樣透過白天光合作用所製造的養分（糖分），來生產所需的ＡＴＰ。

1 白天行光合作用，夜晚行氧氣呼吸

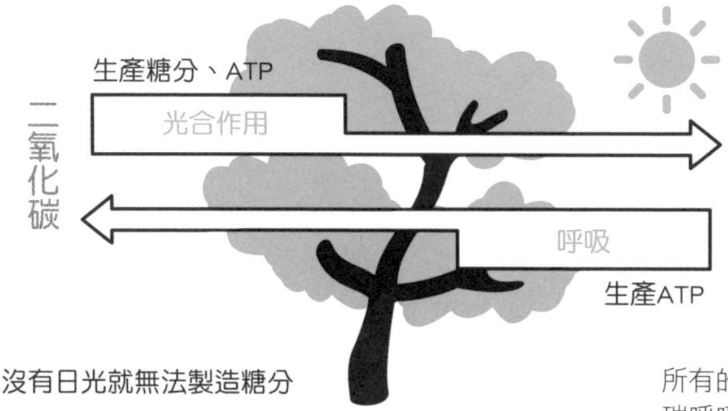
生產糖分、ATP
光合作用
二氧化碳
氧氣
呼吸
生產ATP
沒有日光就無法製造糖分

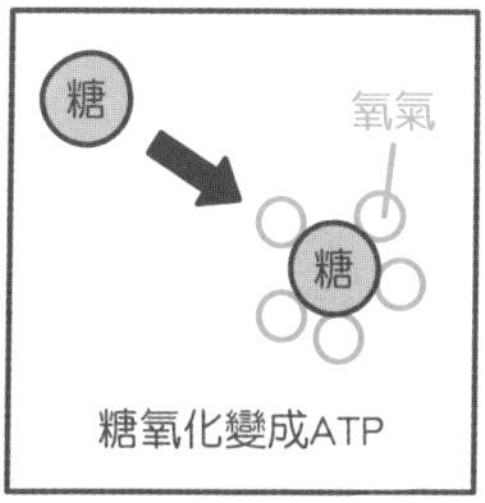
糖
氧氣
糖
糖氧化變成ATP

所有的生物都會吸取氧氣、吐出二氧化碳呼吸，但是植物和部分生物則是會出現名為光合作用的行為。以化學式來看光合作用與呼吸的話，兩者差異只在於反應的方向，反應的物質其實完全相同。光合作用與呼吸就像是面對面照著鏡子的反應呈現。

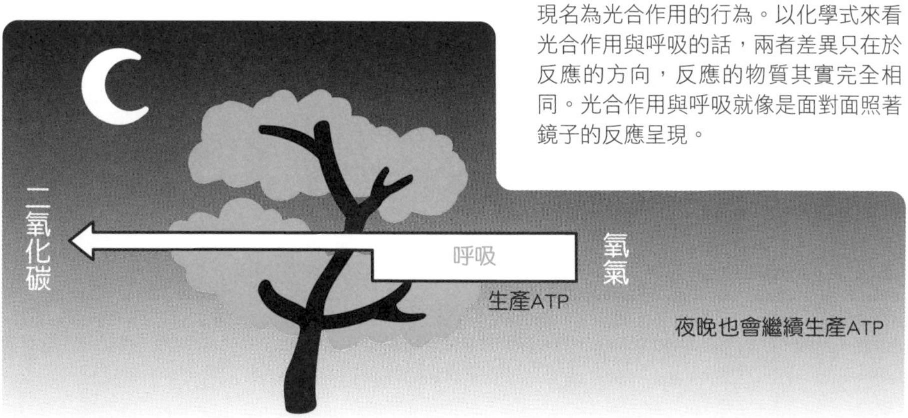
二氧化碳
呼吸
氧氣
生產ATP
夜晚也會繼續生產ATP

2 植物生性節儉

如何使用從呼吸獲得的能量
節省地使用能量
不會一次用完

植物會利用光能分解水，製造帶有能量的ATP，也能以分解糖的方式製造ATP。獲得能量後，再慢慢釋放。植物在生存時，對於能量的使用可是非常節儉。

想問問這個

植物也會正常呼吸。吸入二氧化碳、吐出氧氣不叫呼吸，要稱為「光合作用」。植物只有白天會行光合作用，但無論白天或夜晚都會呼吸。

Q 為什麼夏天在樹蔭下會很涼快？

A 都要歸功於葉片蒸散作用，將水蒸氣排出的效果

炎熱夏天時，走過樹蔭會比走過建物遮蔽處來得更加涼快。**這都要多虧葉片將水蒸氣排出的蒸散作用。水蒸氣主要會從位於葉片內側、人眼看不見的大量氣孔排出。**

哺乳類及鳥類等恆溫動物在高溫時，排汗及呼吸會變得旺盛，將熱氣散發出去；低溫時則會收縮體表的血管，避免散熱，藉此將體溫調節在固定範圍。

不過，植物沒有這樣的能力，所以只能夏天透過旺盛的蒸散作用降低葉片溫度，並改變細胞本質，來因應冬天的寒冷。

那麼，蒸散是個怎樣的過程呢？我們就以洗衣服為例，晴天時，含有大量水分的洗衣衣物只要幾個小時就能曬乾，這是因為周圍的水蒸氣濃度比衣物的水分濃度還要低，水分會從濃度高的地方流至濃度低的地方，所以衣服就能變乾。

植物蒸散的道理也相同，葉片中水分濃度較高，因此會透過氣孔，往外面濃度較低處釋出水蒸氣。這麼一來，**照射日光後溫度升高的葉片溫度會整個下降，待在樹蔭下就會變得涼快。**

植物會因為蒸散失去水分，那又是怎麼補充流失的水分呢？

植物從根部吸收水分，並透過名為「導管」的水分通道，將水分供應至各處。葉片同樣布滿導管，存在於葉脈當中。

氣孔就好比自來水的水龍頭，打開時會蒸散，關起就不會蒸散。沙漠的仙人掌在炎熱白天時會關閉氣孔，避免水分流失，預防蒸散。

1 葉片氣孔的蒸散作用與水分的吸收

蒸散

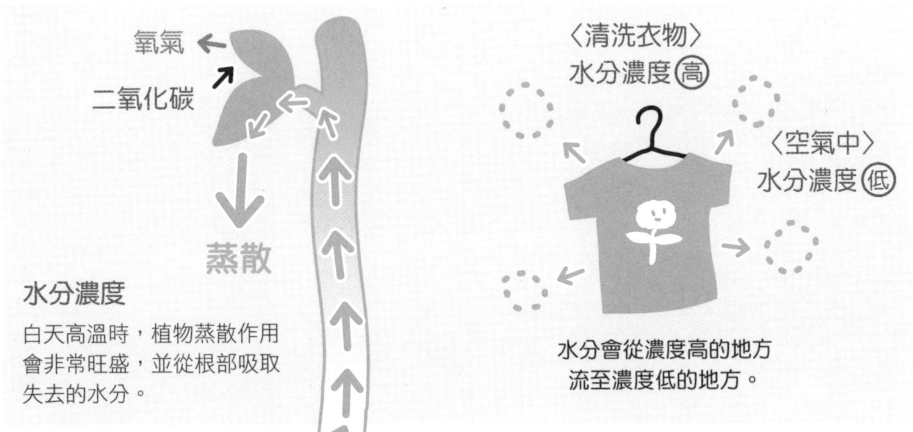
氧氣
二氧化碳
蒸散
水分濃度
白天高溫時，植物蒸散作用會非常旺盛，並從根部吸取失去的水分。
〈清洗衣物〉
水分濃度㊣高
〈空氣中〉
水分濃度㊣低
水分會從濃度高的地方流至濃度低的地方。

水

植物從根部吸收水分後，會通過莖幹的導管輸送至葉片，不過用途卻非常多元。除了具備蒸散作用、降低葉片溫度外，還會被葉肉細胞吸收，作為光合作用所需的水分。氣孔不只能夠決定是否進行蒸散作用，還會從空氣中吸收光合作用所需的二氧化碳，以及釋放出光合作用形成的氧氣。

葉片切面

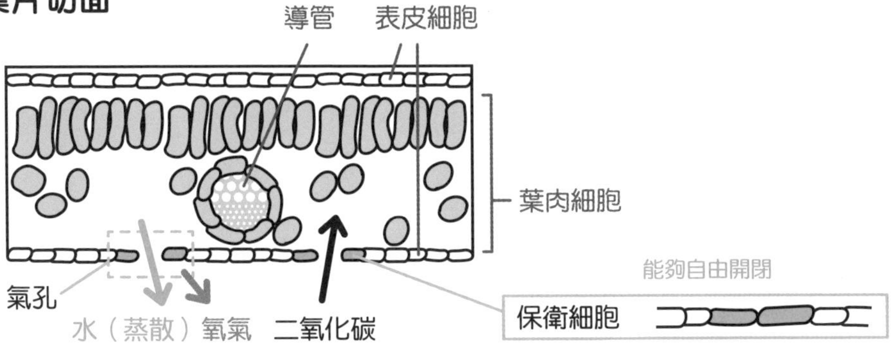
導管
表皮細胞
葉肉細胞
氣孔
水（蒸散）氧氣
二氧化碳
能夠自由開閉
保衛細胞

想問問這個

蒸散作用基本上都是出現在氣孔較多的葉片內側，但其實葉片表面、莖部、花朵、果實也都會蒸散。白天高溫時植物的蒸散作用旺盛，並會從根部補充水分。

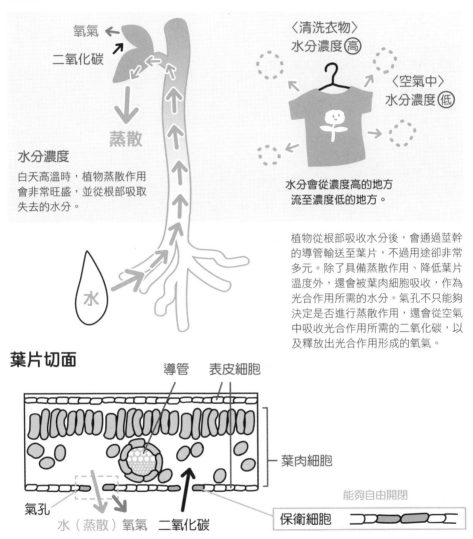

Q 為什麼會有紅葉與黃葉？

A 屬於一種葉子的老化現象，也是養分回收作業

紅葉與黃葉的日文原本是「もみち、もみつ」，據說後來變成「もみぢ」「もみじ」。「モミジ（漢字為「紅葉」）」指的是葉子掉落前，綠色變成其他顏色的現象，一般都會將有此變化的植物稱為「モミジ」。

楓樹（カエデ）的葉子據說因為長得很像青蛙的手（カエルの手），所以取諧音名為「カエデ」。一般指的就是鷄爪槭（イロハモミジ），所以也會變成紅葉或黃葉。這些與其說是植物名，反而更像是無患子科楓屬植物的分類簡稱。

雖然楓葉（カエデ）或紅葉（モミジ）說的都是楓屬樹木，但並沒有單獨以「カエデ」或「モミジ」命名的種名。舉例來說，日本較常見的是鷄爪槭（イロハモミジ，也會被稱為イロハカエデ）。正式的種名雖然最後面會有「～カエデ」或「～モミジ」的字眼，但其實紅葉與黃葉的形成機制並不相同。（忠於原著，日文部分不懂可略）

為什麼葉片會變色成紅葉或黃葉呢？到了秋天，鷄爪槭或銀杏（銀杏科）會一口氣變紅、變黃，非常吸睛。有些常綠樹（參照第三十六頁）的葉片也會變色，但變色的時期可能與秋天紅葉季節錯開，或是與變綠葉的時期交疊，所以並不是那麼醒目。

紅葉屬於一種葉子老化的現象。若葉片一直維持綠色，那麼日照變弱的時候還是會繼續行光合作用。不過葉片也會有蒸散作用，所以綠色葉片到了寒冬季節，就可能因為水分不足枯萎，**於是葉片會變紅、變黃，為落葉做準備。這裡的準備作業就是我們看見的紅葉現象。**不只如此，紅葉還會回收過去光合作用所製造的養分，同時回收無機養分的氮。

1 葉片變紅、變黃的機制

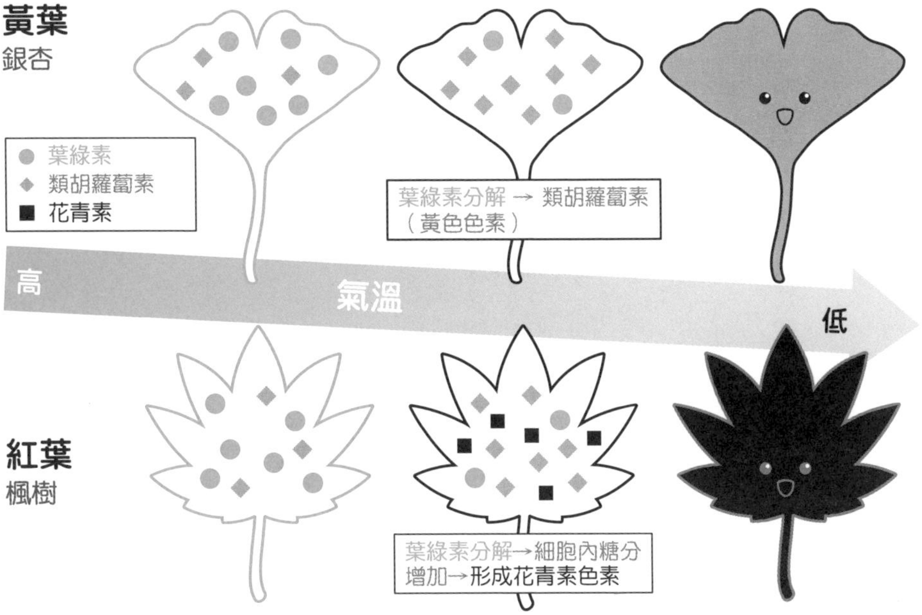
黃葉
銀杏
葉綠素
類胡蘿蔔素
花青素
葉綠素分解 → 類胡蘿蔔素（黃色色素）
高
氣溫
低
紅葉
楓樹
葉綠素分解→細胞內糖分增加→形成花青素色素

2 紅葉是養分回收作業

這是將光合作用所製造的蛋白質或吸收自地底的無機養分（主要是氮）回收的作業。回收的養分會通過葉片中的維管束輸送到枝幹。

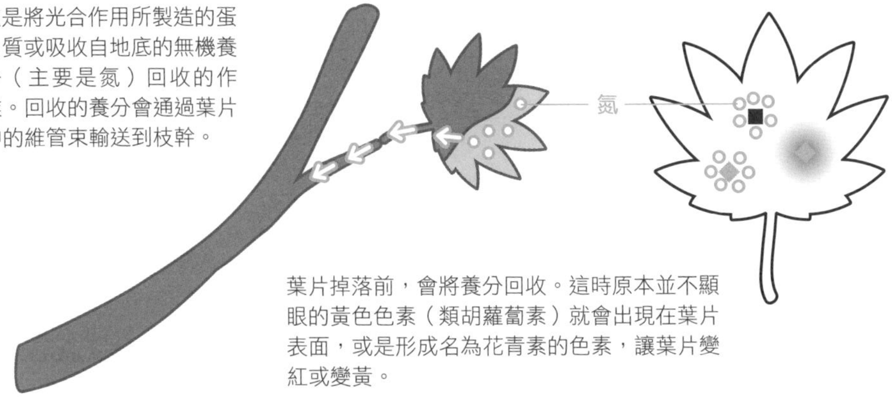
氮

葉片掉落前，會將養分回收。這時原本並不顯眼的黃色色素（類胡蘿蔔素）就會出現在葉片表面，或是形成名為花青素的色素，讓葉片變紅或變黃。

想問問這個

葉片的葉綠素分解後，類胡蘿蔔素會相對顯眼，於是變成黃葉。分解的葉綠素會與殘留在葉片的糖分起反應，製造出花青素，於是變成紅葉。

Q 為什麼植物的性別這麼複雜？

A 花朵是生殖器官，如果是有性生殖會製造種子，不過也存在無性生殖

陸地上約有九成的植物是被子植物，大多數的被子植物都是雄蕊與雌蕊長在同一朵花裡面的兩性花。不過，**也是有像玉米一樣，同一植株存在著雌、雄兩種花，但長在不同位置的被子植物**，所以植物的性別很難以一概論。

裸子植物則是有像松樹一樣，雄球花與雌球花分開長在同一植株的類型，還有像銀杏一樣，會區分成雄株（雄樹）和雌株（雌樹）的類型，分類相當複雜。

據說銀杏基本上必須等到長出果實後，才有辦法判別性別。銀杏連同果肉整個都是種子，所以會掉果實的銀杏樹是雌樹，也就是媽媽。

為什麼被子植物或裸子植物等種子植物在受精後，會先長出種子呢？種子其實就像是停止發育的小嬰兒，雖然處於休眠狀態，當萌芽季節來臨時，種子不需要靠外界幫助，就能從來自父母親的養分中獲得能量，讓自己發芽。水、光線等環境條件不好的話，種子就沒辦法發芽，這是種子為了確保發芽後能夠穩健成長。這類植物會盡可能地長出大量種子，讓種子能大範圍散播，藉此增加子孫後代。

種子其實還能像時間膠囊一樣長時間存放。**一九五一年就曾挖掘出已沉睡兩千年的蓮花種子，甚至不負眾望地在隔年開出花朵（大賀蓮花）**。目前也有針對作物種子進行人工的長期保存研究，一般而言，乾燥及低溫會是長期保存的必要條件。

植物性別複雜，但無論形態為何，最終目的都是為了製造種子。

1 透過昆蟲授粉的被子植物

花朵有雄蕊和雌蕊的一般植物

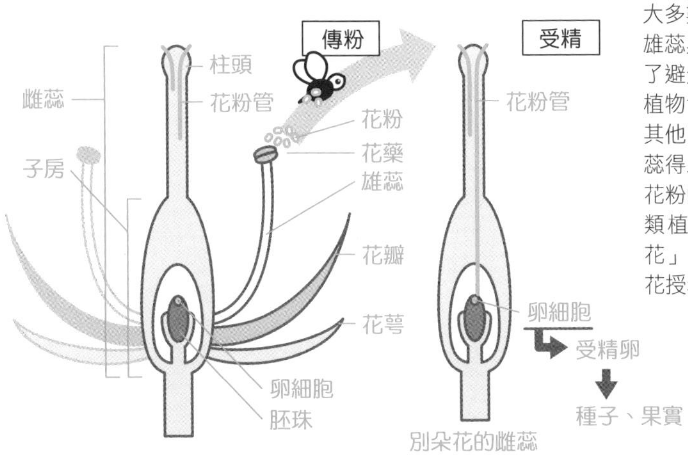
傳粉
受精
柱頭
雌蕊
花粉管
子房
花粉
花藥
雄蕊
花瓣
花萼
卵細胞
胚珠
花粉管
卵細胞
受精卵
種子、果實
別朵花的雌蕊

大多數被子植物的花朵都有雄蕊與雌蕊（兩性花）。為了避免遺傳所造成的衰退，植物會盡可能地將花粉送至其他同類植物的花朵，讓雌蕊得以授粉。居中負責運送花粉的則是昆蟲等動物。這類植物的花朵稱為「蟲媒花」，授粉的方式則是「異花授粉」。

2 透過風傳播授粉的裸子植物

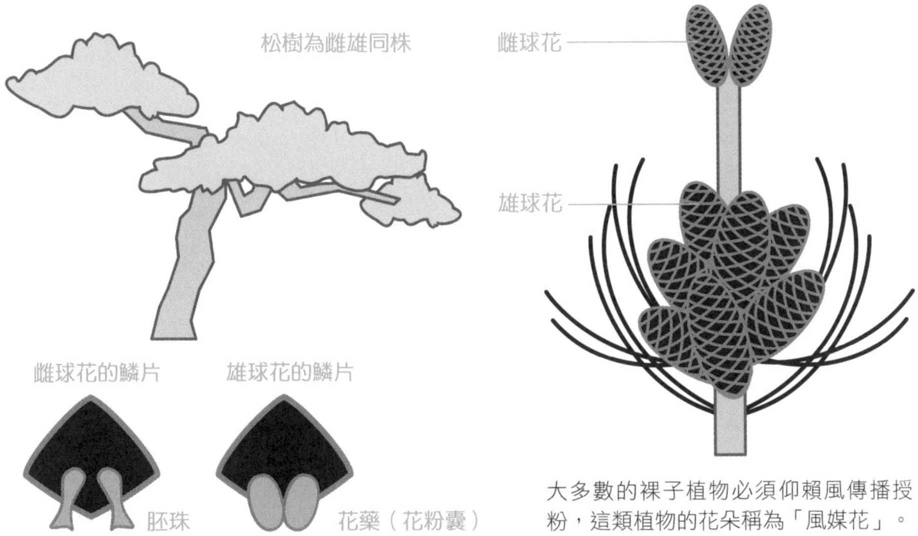
松樹為雌雄同株
雌球花
雄球花
雌球花的鱗片
雄球花的鱗片
胚珠
花藥（花粉囊）

大多數的裸子植物必須仰賴風傳播授粉，這類植物的花朵稱為「風媒花」。

想問問這個

一朵花同時存在雄蕊與雌蕊會稱為兩性花。一個植株裡分別長有雄球花及雌球花則稱為雌雄同株；雄花與雌花生長於不同植株的話，則是雌雄異株。

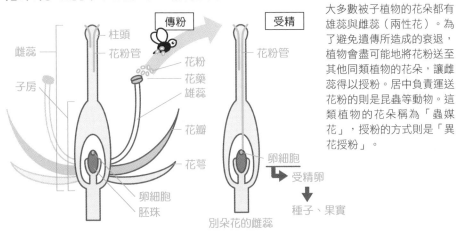

Q 什麼方法能讓植物不用靠性別繁殖？

A 營養繁殖等植物的增殖方式相當具適應性

植物的性別表現多樣，還能夠無性生殖，不被性別侷限，有著極佳的適應性。這樣的繁殖稱為營養繁殖（或營養生殖），當中又包含了許多方法。

舉例來說，浮萍雖然很難得會開出同時帶有雌蕊及雄蕊、相當不醒目的花朵，但浮萍基本上都是透過葉狀體不斷地與母體分離，增加方式等同老鼠繁殖。

細竹等竹類植物則會以伸長地下莖的方式繁殖，竹筍就是繁殖的產物之一。據說桂竹的花朵會相隔一百二十年一口氣綻放，開完花整片竹林就會枯萎；細竹則會相隔五十至六十年同時開花，不過開完後還是會枯萎。園藝植物中非常受歡迎的龍舌蘭（Agave）雖然是透過分株繁殖，但自然狀態下也是會數十年開花一次（有種說法是會相隔六十年），結果後便枯萎。

以營養繁殖增加數量的植物在遺傳學上皆屬於無性繁殖系，長出種子需要相當長的時間，目前已經有透過DNA分析等研究，來了解這類植物在遺傳多樣性的表現。

西洋蒲公英就是我們身邊非常好的例子。以負面角度來說，西洋蒲公英屬於超級外來物種，它入侵了日本在來種的生長地，與在來種雜交後，長出雜種。這種蒲公英的繁殖力強，就算沒有種子，只要長芽就能從發芽處繼續增生。不只如此，即便沒有花粉，西洋蒲公英也能自己單性生殖，製造種子。無論在哪都能生長，冬天開花的情況更是常見，一年四季皆可開花。

營養繁殖的植物中，除了有像百合或紅花石蒜一樣，利用球根等地下莖繁殖的植物外；也有像番薯一樣，讓根部肥大，透過根部繁殖的植物；甚至還有一種名為落地生根的植物，會利用掉落的葉片發芽繁殖。

1 植物營養繁殖的範例

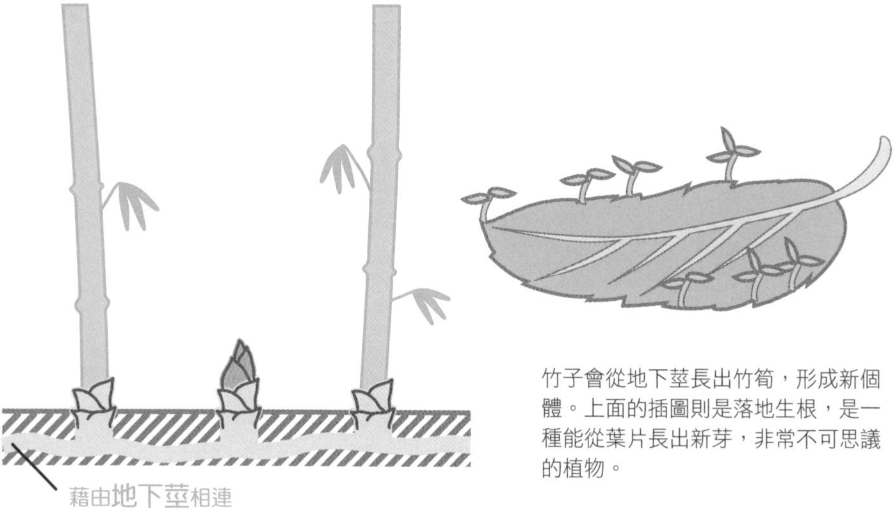
藉由地下莖相連

竹子會從地下莖長出竹筍，形成新個體。上面的插圖則是落地生根，是一種能從葉片長出新芽，非常不可思議的植物。

2 有性繁殖的真正意義

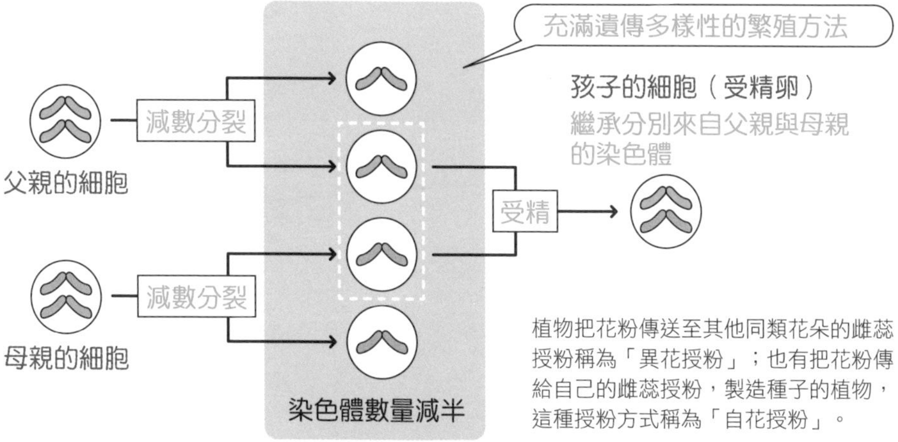
充滿遺傳多樣性的繁殖方法
孩子的細胞（受精卵）
繼承分別來自父親與母親的染色體
減數分裂
父親的細胞
減數分裂
母親的細胞
受精
染色體數量減半

植物把花粉傳送至其他同類花朵的雌蕊授粉稱為「異花授粉」；也有把花粉傳給自己的雌蕊授粉，製造種子的植物，這種授粉方式稱為「自花授粉」。

想問問這個

明明有雌、有雄，卻不授粉，而是以各種方法繁殖稱為營養繁殖。有些植物是以地下莖繁殖，有些是透過根，有些則是從葉片繁殖，非常多元。這也呈現出植物繁殖增生的高度適應性。

Q 馬鈴薯、茄子跟番茄有個意外的共通點？

A 懂分類學的人就知道

平常在吃蔬菜的時候，如果懂植物的分類學，就會有讓人驚豔的發現。我們就以馬鈴薯、茄子跟番茄這些常出現在餐桌的蔬菜為例。這幾樣蔬菜無論名稱或外觀都不同，**但以植物學的角度來看，全部都歸類為茄目、茄科、茄屬的蔬菜**，代表著它們算是親戚。

不過，就算說是歸類為茄目、茄科、茄屬的蔬菜，大家應該都只會想到茄子，甚至懷疑真的還有其他蔬菜嗎？其實，茄子、馬鈴薯、番茄是同一個茄屬的「種」名。我們平常都是用種名來稱呼蔬菜或花朵。不少植物的種名會和屬名或科名相同。

為什麼要搞到這麼麻煩呢？這必須先來談談植物分類法的悠久歷史。

人稱植物學之父、生於古希臘時代的泰奧弗拉斯托斯（Theophrastus，西元前四世紀～三世紀）在著作《植物誌》（Historia Plantarum）中，將大約五百種的植物分類，建立起植物分類學的概念，更成為現代分類學的先驅。

到了十八世紀，瑞典的卡爾・馮・林奈（Carl Linnaeus）所提倡的二名法，讓植物分類變得更合理且具備學術依據。二名法是生物物種的學名命名法，使用拉丁文，由屬名與種小名組成。屬名第一個字母大寫，種小名則是全部小寫。在生物分類學之父林奈的起頭下，經過許多人的努力，也讓分類法得以更加確立。

正因為這樣，**只要懂得「屬」名與「種」名，就算看見從外觀與名稱無法得知有什麼關係的生物，至少還能大致掌握物種間的相關性。**

1 從分類學可以看出植物同類的關係

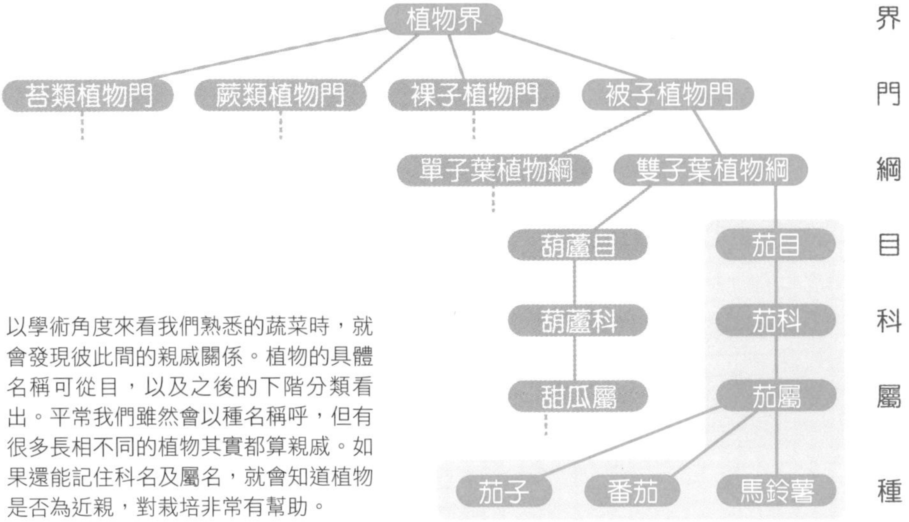
植物界
苔類植物門
蕨類植物門
裸子植物門
被子植物門
單子葉植物綱
雙子葉植物綱
葫蘆目
茄目
葫蘆科
茄科
甜瓜屬
茄屬
茄子
番茄
馬鈴薯
界
門
綱
目
科
屬
種

以學術角度來看我們熟悉的蔬菜時，就會發現彼此間的親戚關係。植物的具體名稱可從目，以及之後的下階分類看出。平常我們雖然會以種名稱呼，但有很多長相不同的植物其實都算親戚。如果還能記住科名及屬名，就會知道植物是否為近親，對栽培非常有幫助。

2 馬鈴薯果實長得很像番茄？

左圖是馬鈴薯的果實。平常我們是吃馬鈴薯的地下莖，不是果實。一般所說的馬鈴薯是指地下莖的部分（塊莖）。看過馬鈴薯的果實後，應該就能理解為什麼它與番茄都被歸類在茄屬植物了。

想問問這個

「界、門、綱、目、科、屬、種」是分類學的基礎。從「目」更會延伸出植物的具體名稱，還有不少與「目」相同的科名。舉例來說，黃瓜（小黃瓜）是種名，也是從葫蘆目、葫蘆科、甜瓜屬一路延續下來的名稱。

COLUMN 3

花的美麗與香氣不是用來取悅人類

各位可以對花有各種不同想法，不過對花而言，顏色及氣味都是為了吸引蟲兒、鳥兒成功授粉的伎倆。

昆蟲所見和人類不同，是用能看見紫外線的眼睛看著花（詳細內容參照第十三頁），所以昆蟲會立刻知道有沒有花蜜，授粉成功率當然就會變高。

鳥和人類一樣都看得見顏色，但是鳥的嗅覺不靈敏，只能仰賴顏色授粉。

不同花朵的開花時間可能會分別是早上、白天或夜晚，這是為了配合昆蟲的活動時間散發氣味。舉例來說，散發香甜氣味的花會吸引蜜蜂，散發惡臭的花則會吸引蒼蠅。

名為Madeleine的玫瑰品種。氣味太重的話可能會使得花苞無法綻開，所以鮮花店的薔薇氣味都不會太過強烈。

第3章

長怎樣果然很重要？植物的「外型」與策略

Q 昆蟲的擬態比較厲害？還是植物的擬態比較厲害？

A 為了留下後代的擬態植物也很有兩把刷子

自然界的動物中，昆蟲的擬態最為人熟知。包含了會擬態成花朵的蘭花螳螂、偽裝成樹皮的柿癬皮瘤蛾，還有很像樹枝的尺蛾幼蟲等，為數眾多。昆蟲擬態可能是為了避免被鳥類等天敵攻擊，也可能是為了躲藏並獵物。

不過，植物的表現可是一點也不輸給昆蟲。**蘭花家族就存在著許多堪稱假昆蟲的植物。**蘭科植物包含了兩萬六千種的野生種，除了南極外，各大陸及島嶼都看得見蘭花蹤跡，所以蘭花是世界上最龐大的植物家族。在植物演化的過程中，最後登場的也是蘭花。

研究指出，蘭花現身於八千四百萬年~七千六百萬年前的白堊紀後期，**更是六千五百萬年前恐龍滅絕時，靠著華麗身形存活下來的植物，當然就會擁有許多留存子孫的訣竅。**

會開出花朵的蘭花屬於蟲媒花，這類花會靠著顏色及氣味，吸引搬運花粉的昆蟲（授粉者）並供應花蜜或花粉作為報酬。不過，當中也有讓昆蟲搬運花粉，卻不給報酬的蘭花。

據說這是蘭花為了預防花粉沾到自己的雌蕊，避免自花授粉，並**能夠確實在其他花朵個體授粉，達到異花授粉的目的。**為了避免物種衰退，異花授粉的確有其必要。蘭花的唇瓣很像雌蜂，有些蘭花甚至還會學母蜂一樣散發出費洛蒙，受到吸引的雄蜂就會嘗試與蘭花喬裝的假雌蜂交配，發現無法交配後，只好帶著蘭花花粉飛離。

曾受騙的雄蜂不會再回來，**但是如果又發現其他喬裝成雌蜂的蘭花，還是會嘗試交配，如此一來就能確實授粉。蘭花是為了繁殖大量後代，才會出現擬態行為。**

1 為了欺騙昆蟲？蘭花的特徵

能讓昆蟲容易停留的唇瓣

據說蘭花是為了讓昆蟲容易停留，將3片花瓣的下面那1片變成像圖片中的唇瓣。蘭花看起來就像有6片花瓣。蘭花的世界實在樂趣無窮，就連達爾文也對蘭花研究充滿熱情。

❶ 花萼　形狀會隨蘭花種類變化

❷ 花瓣　2片

❸ 唇瓣　原本是花瓣

蜂蘭（左）與被喬裝成雌蜂的蘭花所騙的蜜蜂（右）。

蘭花會散發費洛蒙，
吸引雄蜂前來。

看起來實在厲害

用盡各種方法就是為了留下子孫的蘭花被認為是最徹底演化的植物，外觀更是名符其實地千變萬化。不過，日本因為盜採的關係，許多蘭花正面臨瀕臨絕種的危機。

Q 植物長相如其名？

有些植物名稱中夾雜著動物或物品名，像是鷺草、舞鶴草、珙桐（日文名「ハンカチノキ」有手帕之意）、紅瓶刷子樹、象耳天南星。這些植物大多是因為花朵長得很像某種動物或物品，所以才會直接沿用名稱。

鷺草（蘭科鷺草屬）有著蘭科花朵的唇瓣特徵，形狀就像是正在飛舞的白鶴。舞鶴草（百合科舞鶴草屬）的名稱，則源自於狀似白鶴展翅的心型葉片。

珙桐（山茱萸科珙桐屬）看起來很像白色手帕的部分其實並不是花瓣，而是由葉片變態成的。珙桐有2片苞片，包覆著真正的小花群（花序）。其實珙桐的花朵中並沒有白色色素，照理來說，苞片會因為光線穿射呈現透明狀，但實際上光線卻在如手帕般的苞片散射，看起來就像是啤酒泡沫會有的白色。太陽光中存在著有害的紫外線，苞片扮演著遮陽的角色。除此之外，苞片擁有許多能吸收紫外線的色素，所以還能遮蔽紫外線。

A 會像什麼還不都是人類說的

紅瓶刷子樹是原產自澳洲的桃金孃科植物。紅色部分不是花瓣，而是名為花絲的長條狀雄蕊。花朵的顏色其實是綠色，一點也不起眼。如果加上花絲，整朵花看起來就像是把刷子，因此命名紅瓶刷子樹。

象耳天南星是天南星屬天南星科植物的同類。變態後的苞片又名佛焰苞，形狀像是喇叭，裡頭有許多小花。**從後方觀察2片長大的苞片時，看起來就像是大象的耳朵。**

1 有夠像植物圖鑑

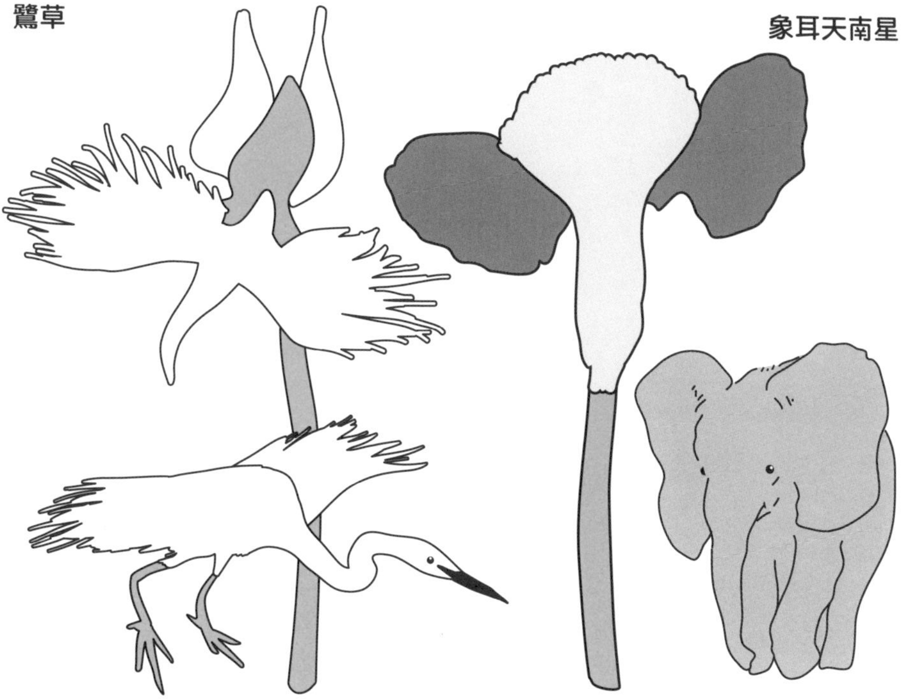

從後面觀察象耳天南星的佛焰苞。

珙桐

紅瓶刷子樹

其實不少很像某些東西的植物都是蘭花的同類。譬如說長得像猴子臉部的猴面蘭、很像垂吊著許多人形的裸男蘭。除了蘭花，當然還有這裡介紹的各種有夠像植物。

看起來實在厲害

其實植物看起來像某種東西，還不都是人類自己說的。每種植物都是基於某種目的，長成各位所見的形狀，這更是植物為了存活下來所具備的智慧。

Q 植物懂數學？

有種名為寶塔花菜（十字花科蕓薹屬）的蔬菜，看起來就像是人用電腦繪圖畫出的數學圖形，由許多小花苞堆疊出龐大的花苞。

仔細觀察大花苞後，會發現裡頭的小花苞是以螺旋狀的方式連在一起。**仔細數一數，總共有十三朵花苞，這可是費氏數列中，一、一、二、三、五、八……持續累加所得到的數字**，真沒想到竟然會在植物形狀中看見數學定律。

再仔細觀察小花苞本身，就會發現裡頭還有更小的螺旋狀花苞。在某種形狀中存在著相似但更小的形狀，接著還會繼續出現再小一號的相似形狀，這樣毫無止境的現象在數學又稱為碎形。碎形雖然是數學會提到的用詞，但**在自然界可見的形狀裡，除了寶塔花菜，還有許多生物或自然造型都看得見碎形的影子。**

A 有些植物的排列與費氏數列一致

在松果、鸚鵡螺外殼、花瓣、樹枝及葉片的長法都能看見費氏數列，自然界存在費氏數列的範例其實不勝枚舉。對生物而言，會出現費氏數列一定是有其必要性。

費氏數列還隱藏著黃金比例，將三百六十度除以黃金比例一點六一八……，並將三百六十扣除後，會得到一百三十七點五度的結果，這更是讓葉片接收到光線的最佳角度。不只有植物，就連動物身上也看得見費氏數列呢！

1 秒懂費氏數列

費氏數列

1 + 1 = 2
1 + 2 = 3
2 + 3 = 5
3 + 5 = 8
5 + 8 = 13
8 + 13 = 21
13 + 21 = 34
…

費氏數列是將最近的2個數字相加後，得到下一個數字。這是13世紀義大利的數學家李奧納多・費波那契（Leonardo Fibonacci）在1202年出版的「計算之書（Liber Abaci）」中，為了說明兔子繁殖數量時所舉例的數字。

2 出現在自然界的費氏數列

寶塔花菜

鸚鵡螺（切面）

寶塔花菜與鸚鵡螺的切面。許多鸚鵡螺的螺旋造型都是源自費氏數列算出的黃金比例。

看起來實在厲害

向日葵種子的排法和寶塔花菜一樣，都是遵循費氏數列，呈螺旋狀排列。不只是植物，動物身上也看得見費氏數列。

Q 為什麼繡球花大多是圓形？

A 日本的繡球花在歐洲變圓後，才又返回日本

我們經常會看見顏色繽紛的繡球花集結了許多小花瓣後，變成了一顆圓球造型。這種繡球花又名為手鞠繡球花，正式和名則為西洋紫陽花（セイヨウアジサイ），中文為洋繡球）。從名稱便可得知，洋繡球是從歐洲傳入的栽培品種，但繡球花的原產地其實是日本。**日本原生種的額繡球（ガクアジサイ、額紫陽花）傳至中國後又被帶往歐洲，經品種改良後，便誕生了洋繡球。**換句話說，洋繡球是回鍋的花種。

日本原生種的額繡球形狀並沒有像洋繡球那麼華麗，只有寥寥可數的花瓣圍繞著中心。**額繡球的「花瓣」並不是真正的花瓣，而是裹著花苞的葉片，也就是花萼變態成如花瓣般的形狀。**洋繡球所有的花瓣都是由花萼變態而來，這種花萼又稱為「裝飾花」。

那麼，繡球花真正的花朵又在哪裡呢？如果是額繡球的話，花體中心會聚集許多既小又不起眼的部分，這裡頭同時存在著雄蕊與雌蕊，是貨真價實的花朵。反觀，**洋繡球品種並不存在真正的花朵，而是只有裝飾花。**

額繡球的花朵長相平庸，必須由裝飾花負責吸引昆蟲目光。昆蟲目標朝向額繡球的裝飾花吸取花蜜，最終卻要負責運送花粉。

另一方面，洋繡球沒有真正的花朵，就算昆蟲前來也取不到花蜜，當然無法授粉。所以**洋繡球沒辦法像額繡球一樣以種子增生，只能透過插枝繁殖。**

1 額繡球與洋繡球的不同

額繡球

日本原生種

一群花
花萼變態而成的裝飾花

日本繡球（ホンアジサイ、本紫陽花）開花時的形狀像手鞠一樣，是額繡球的改良品種。

洋繡球

從歐洲回鍋的品種

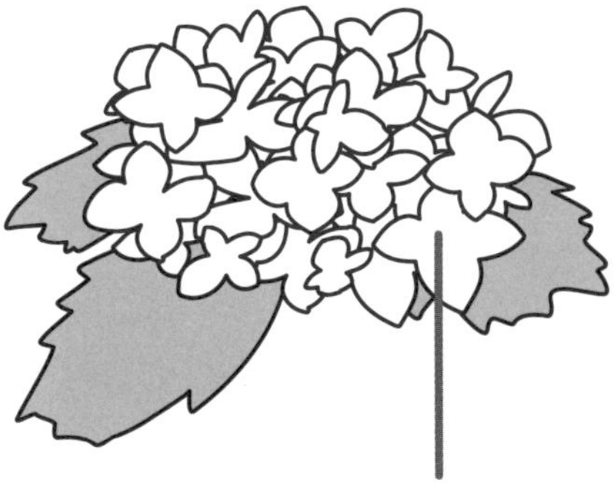
全為裝飾花，
沒有真正的花朵。

2 還有其他花非花

大花四照花

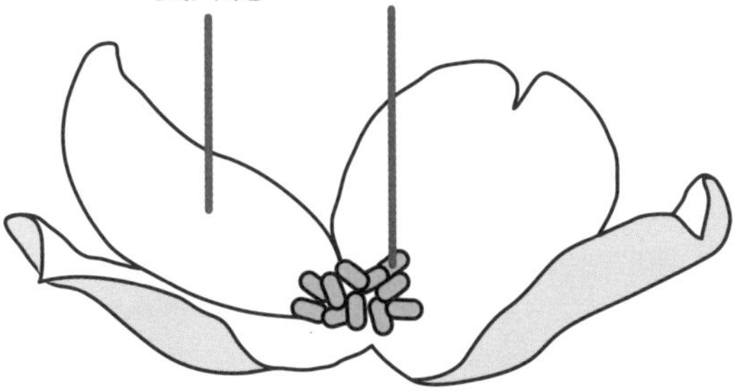
裝飾花
一群花

大花四照花看起來像花瓣的部分其實是苞片，花朵實際上看起來一點也不吸引人。

大花四照花的葉片變態後，苞片變得像花朵一樣。花萼與苞片雖然長相相似，支撐住所有花瓣的是花萼，裹起保護著花苞的則是苞片。

看起來實在厲害

繡球花的裝飾花其實是花萼變態而來，變態的花萼與苞片看起來都很像花瓣，較難區分，但是兩者的功能完全不同。

Q 為什麼鬱金香不會全開？

A 其實會全開，不過很快就過了賞花期

一般的花朵會每天反覆地早上綻開、晚上合起。這是因為如果不在傳粉昆蟲會來的白天開花，就可能無法順利授粉。夜晚除了蛾，幾乎不會有其他昆蟲前來，所以花朵會合起，避免不必要的浪費。

不過，鬱金香就算是白天也不會全開。室外的鬱金香會根據氣溫決定是否開花；放置於溫暖室內的鬱金香雖然會全開，卻也很快就凋謝。

當氣溫來到二十度C左右的時候，鬱金香就會開始綻放，大約十度C的時候合起。像鬱金香一樣，花朵開合取決於溫度高低的特性稱為「傾熱性」。此外，開花時，花瓣下方的水分會增加，合起時水分則是會流失。

鬱金香的開花期大約是一個禮拜，會反覆數次早上全開，白天稍微萎縮，傍晚再次合起地循環。

當然也有許多晚上綻開的花朵，尤其是入夜氣溫還是很高的**熱帶地區，晚上綻開的花朵似乎特別多**。這是因為在熱帶地區會有夜間活動的天蛾，或是飛舞著尋找花蜜的蝙蝠等非常多的昆蟲與動物。夜晚綻開的花朵必須透過這些生物授粉，留下後代子孫。

那麼，**生物們是如何在昏暗的夜晚找到花朵的呢？答案是花色與花香。**

只要花朵夠白，照在月光下也能清晰可見，所以夜晚開花的花朵多半是白色。另一方面，綻放於熱帶夜晚的花朵會釋放濃郁芳香，吸引生物們前來。

舉例來說，會結出蓮霧的果樹（Rose Apple）花朵屬於原生於熱帶至亞熱帶地區的桃金孃科植物。這種花會在晚上綻開，釋放濃郁芳香，強烈到附近都聞得到。

1 花朵開開合合的祕密

16世紀的奧圖曼土耳其帝國相當流行花卉栽培，鬱金香的品種改良更是盛行。這股鬱金香風潮傳至歐洲，據説原本在土耳其語中，意指頭巾（Turban）的Tulbend被誤以為就是鬱金香，因此鬱金香的名稱為Tulip。不過，沒有全開的鬱金香確實蠻像頭巾的。

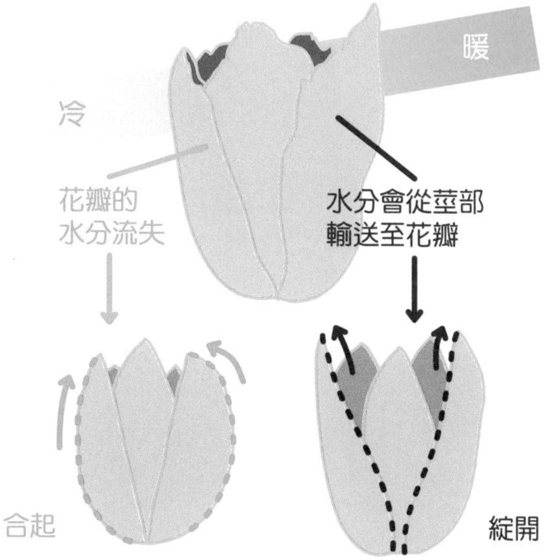
暖
冷
花瓣的
水分流失
水分會從莖部
輸送至花瓣
合起
綻開

10℃左右時，水分會從花瓣的細胞流失，使花瓣合起。溫度達20℃的時候，水分輸送至花瓣，細胞膨脹後，花瓣會再度打開。

2 白天開的花，夜晚開的花

白天綻開的花朵會吸引蝴蝶等日間活動的昆蟲前來。這些花朵顏色會如此繽紛，都是為了吸引昆蟲成功授粉。

於晚上開花的王瓜花朵會吸引天蛾等夜晚活動的昆蟲前來。夜晚開花的花朵大多為白色，這樣在月光下才會變得更加醒目。

看起來實在厲害

會開開合合的花朵代表年輕、花瓣仍繼續生長的花朵。維持綻開不再合起的花朵則代表生長停止、已經老化。不過，關於花朵的開合目前還有許多尚未解開的謎團。

Q 為什麼龜背芋的葉片會裂開？

A 這個裂痕代表著細胞凋亡

龜背芋（和名為蓬萊蕉、ホウライショウ）不用花心思照顧，非常好養，除了常被作為擺飾點綴室內，也是相當受歡迎的觀葉植物或贈禮選擇。

在夏威夷，穿透龜背芋葉片孔洞或裂痕的陽光會被視為「希望之光」。

龜背芋在生長過程中，葉片會開始出現孔洞或形成深長裂痕。龜背芋原產地的叢林會吹強風並下起短暫的豪雨，據說龜背芋會形成孔洞及裂痕，就是為了避免葉片受到破壞。

那麼，龜背芋的葉片又是如何形成那麼有特色的裂痕呢？對龜背芋而言，為了避免整個葉片因為風吹雨打破裂，於是啟動了某種機制，事先讓葉片出現局部裂痕，預防遭受傷害。不過，究竟是哪裡存在著這樣的機制呢？

一般認為，這個機制會在葉片生長時於細胞中啟動，部分的葉片細胞死亡後，便會形成裂痕。

這也代表著葉片的裂痕是來自於細胞凋亡（Apoptosis）。細胞凋亡是負責打造生物身體的細胞在生長或死亡時的一種形式，為了讓身體處於更好的狀態，細胞凋亡會頻繁地發生。

舉例來說，如果出現細胞癌化等異常情況時，身體基本上不會置之不理，並透過細胞凋亡，抑制異常細胞的產生。

對生物來說，細胞凋亡扮演著非常重要的任務，更可以說是細胞為了讓整個身體得以繼續存活的「自殺」行為。

1 孔洞與裂痕都是生長的痕跡

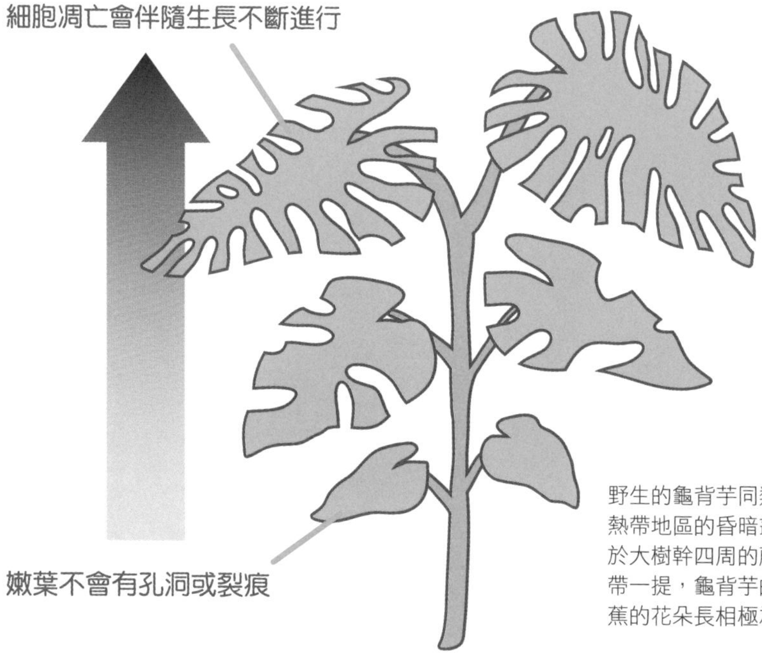
細胞凋亡會伴隨生長不斷進行
嫩葉不會有孔洞或裂痕

野生的龜背芋同類生長於南美熱帶地區的昏暗叢林，是纏繞於大樹幹四周的藤性植物。順帶一提，龜背芋的花朵與水芭蕉的花朵長相極為相似。

2 動物身上可見的細胞凋亡範例

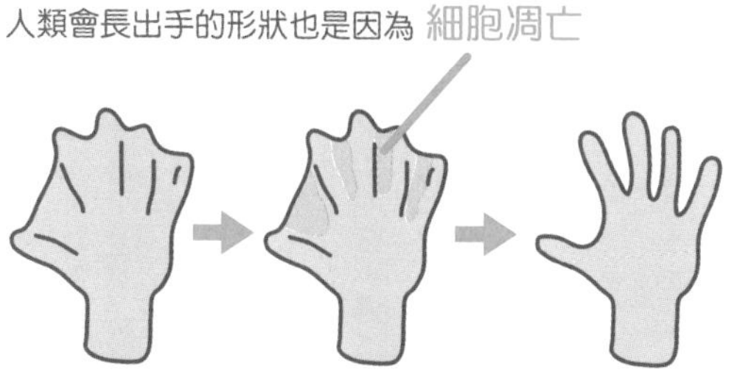
人類會長出手的形狀也是因為 細胞凋亡

人類的胎兒原本長有蹼，但蹼會伴隨生長而消失。

蝌蚪尾巴會不見
也是因為 細胞凋亡

動物受精後，受精卵不斷細胞分裂的生長過程中，會在一定的時期於一定的地點開始細胞凋亡，接著變態成生物應有的模樣。

看起來實在厲害

龜背芋是常綠藤性植物。長大後會開出花朵（白色佛焰苞與綠色肉穗花序），果實則像結合了鳳梨與香蕉的味道。

Q 植物與昆蟲一直維持著彼此互惠的關係嗎？

A 除非是授粉的時候，否則食蟲植物都在用厲害的陷阱單方面撈取好處

絕大多數的被子植物會利用花朵與氣味吸引昆蟲們，讓昆蟲搬運花粉，成功授粉，提供花蜜作為報酬，並維持這樣的受予關係，讓自己能夠增加後代子孫。

不過，其實有變多植物無法建立起受予關係，那就是五百至六百種存在於世界上的「食蟲植物」。

食蟲植物開花授粉的時候不會捕捉昆蟲。但是，當其他時候昆蟲靠近陷阱的話就會被捕。食蟲植物雖然和其他植物一樣，能透過光合作用製造醣類等養分，但它們生長於氮、磷等無機養分量不足的土地，如果少了這些元素，就無法生存下去。這也是為什麼農業或園藝會使用內含無機養分的肥料。

食蟲植物必須從昆蟲體內吸收無機養分作為補給。

食蟲植物有著捕捉昆蟲的厲害陷阱。昆蟲掉進食蟲植物的陷阱後，會被陷阱中的消化液殺死，讓食蟲植物能夠吸收到無機養分。

對食蟲植物來說，抓蟲不是用來補給能量，而是為了從昆蟲體內搾取無機養分。

食蟲植物擁有各種不同的陷阱。陷阱入口多半長有蜜腺或能夠分泌香甜黏液，吸引昆蟲前來。昆蟲剛開始會先舔食花蜜，接著逐漸往會滑的地方移動，滑進陷阱深處後，就只能說再見了。

食蟲植物的陷阱是從莖葉變態而來，同時也是「終極捕蟲網」。

1 陷阱裝有蓋子的瓶子草

名為黃瓶子草的食蟲植物。黃瓶子草長得就像單支花瓶，葉片捲成的筒狀捕蟲囊，高度很高，有時甚至會超過100公分。

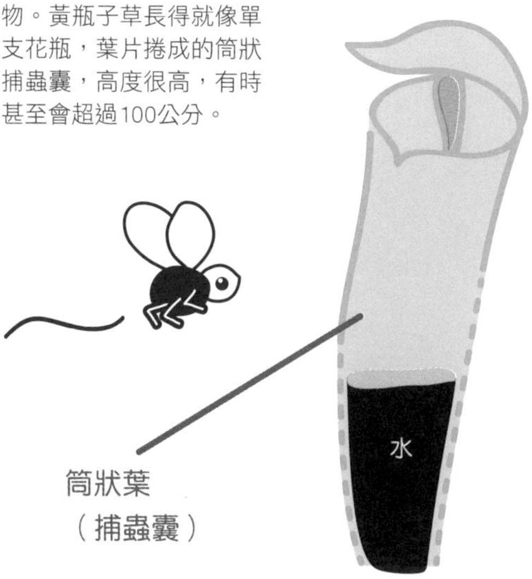
水
筒狀葉
（捕蟲囊）

捕蟲囊會存有少量的水，形成捕捉昆蟲的陷阱。

當水裝滿時，捕蟲囊會傾倒讓水流掉，接著再度直立，繼續貯存少量的水，等待昆蟲落入陷阱後淹死。

由於形狀有趣且容易栽培，目前已出現許多園藝用品種。日本的氣候條件下同樣能茁壯長大。

2 捕蠅草的秒殺技

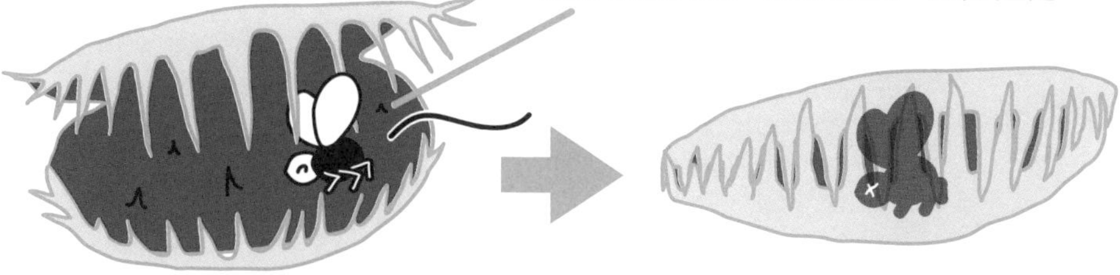
碰觸到感覺毛後，水分會流動，使葉片合起。

捕蠅草陷阱的葉緣長有幾支尖刺。尖刺之間的陷阱邊緣則是帶有甜甜的蜜汁，進入陷阱的昆蟲為了尋找蜜汁會四處徘徊，這時陷阱葉片會立刻關閉，捉住昆蟲。據說葉片合起只需0.5秒鐘，尖刺會整個密合，讓裡頭的昆蟲無法逃脫。

看起來實在厲害

食蟲植物生活在氮、磷等必需養分量不足的土地上，所以要用昆蟲作為補充。這也使得植物莖葉變態，演化成能夠捕蟲的厲害陷阱。

Q 為什麼會有不同形狀的橡實？

A 許多樹木都會掉落橡實

橡實有著許多從葉子變態而成的苞片，這些苞片多到像是要把花朵的子房包圍撐起一樣，苞片附著於果實，乾燥後會變成殼斗（日文稱為「はかま」或「帽子」）。

如果把殼斗當成帽子，那麼就會發現橡實看起來像是小人偶的圓臉或細長臉蛋，這也表示不是只有一種樹木會長出橡實。

其實世界上並沒有名為「橡實」的樹木。橡實其實是麻櫟等森林常見的山毛櫸科樹木會結出的果實。橡樹、青剛櫟、槲樹的果實也都叫做橡實。順帶一提，栗子是殼斗科（栗屬）樹木的果實，所以算是橡實的同類。山毛櫸科（栲屬）常綠闊葉樹黧蒴栲的果實也是橡實的同類。

從遺跡調查中我們更發現，日本繩文時代的人們會食用橡實。不只如此，大正至昭和時期發生飢荒或糧食不足問題，導致稻米等食物難以取得，或是幾乎無法耕作稻田的地區，也會將橡實作為珍貴的糧食來源。

橡實是果實，不是種子，真正的種子在硬殼當中。橡實會被作為食物，是因為種子裡富含澱粉。小動物們當然也會食用橡實。

舉例來說，老鼠、松鼠、橿鳥等鳥的同類會將橡實埋在土裡貯存，並在之後取出食用。

不過，松鼠四處埋藏橡實的時候，有時會忘記埋在哪裡，有時則會沒有吃完。剩下的橡實中，有些運氣還不錯，能夠長成新樹，再結出橡實。

1 橡實是小動物們的儲備糧食

世界上並不存在「橡實樹」，「橡實」是山毛櫸科樹木果實的總稱。

石櫟　麻櫟　槲樹

除了形狀不同，每種樹的橡實味道也不一樣。喜歡各種橡實的鳥類與哺乳類動物們都扮演著維持森林茂盛的角色。

森林能夠維持茂盛，
都要多虧動物們的幫忙。

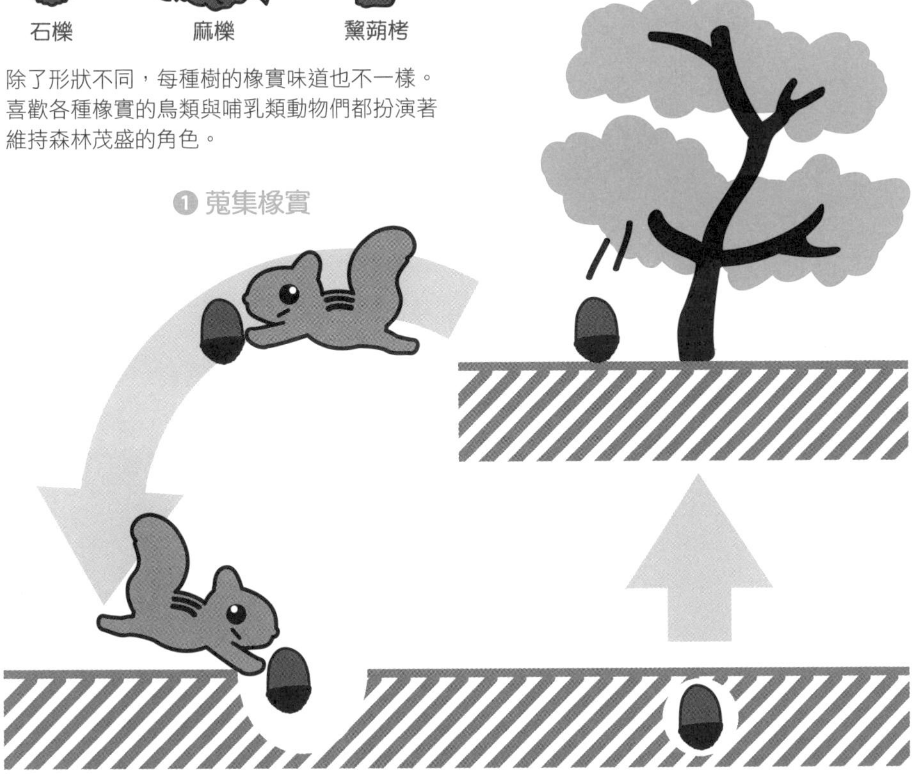

❷ 會先埋起橡實，
並在之後取出食用。

❸ 吃剩的橡實發芽，
會再長成樹木。

看起來實在厲害

橡實是果實（堅果），不是種子。堅果包覆著硬皮，裡頭還藏有裹著澀皮（內側的薄皮）的種子。

Q「轉位子」是從玉米顏色發現的？

A 一位女科學家以玉米獲得諾貝爾獎

玉米是禾本科植物，與稻米、小麥並列世界三大穀物。玉米種類繁多，果實顏色繽紛，有黃色、白色、紅色、紫色、深紫色等。平常我們食用的玉米是甜玉米品種，甜玉米還有許多同類，味道當然也不盡相同。

芭芭拉．麥克林托克（Barbara McClintock，一九〇二年～一九九二年）是為了科學發展研究玉米的美國女遺傳學家。二十世紀初，主要都是用果蠅（屬於世代交替較快的蒼蠅類）來進行遺傳研究，麥克林托克則是改用玉米。她甚至還在研究室附近種玉米田，栽培收成玉米的同時，再用小型顯微鏡持續觀察果實中的染色體（基因群體）。

麥克林托克對玉米的起源和遺傳有許多發現，更在一九四五年獲選為美國遺傳學會會長。

之後持續傾心研究，最終於一九五一年有了重大發現。在過去，基因一直被認為是不會動的，但**麥克林托克從玉米的染色體中，發現了「轉位子（Transposon，亦稱跳躍基因）」**。當時她雖然發表了相關研究，卻因為內容太過前衛，幾乎不被當作一回事。

一九五三年，詹姆士．華生（James Watson）與法蘭西斯．克里克（Francis Crick）兩位年輕研究家發現了形成基因的DNA結構。之後，以分子探討基因的研究開始極速進展，麥克林托克的研究也在一九六〇年代獲得共鳴。**她更於一九八三年獲頒諾貝爾生理醫學獎。**

1 為什麼玉米的果實會參雜不同顏色？

斑彩玉米

除了玉米粒原有的顏色，還參雜其他顏色的情況稱為「帶有斑彩」，這是轉位子起作用會出現的結果。品種改良而成的琉璃寶石玉米又名為彩虹玉米，一根玉米會出現紅、橙、綠、黃、紫蘿蘭、藍、靛青、深紫、白色裡頭的數種顏色。順帶一提，每顆玉米粒都是種子，玉米的「鬍鬚」是雌蕊，所以一根玉米有幾根鬍鬚，就會有幾顆玉米粒。

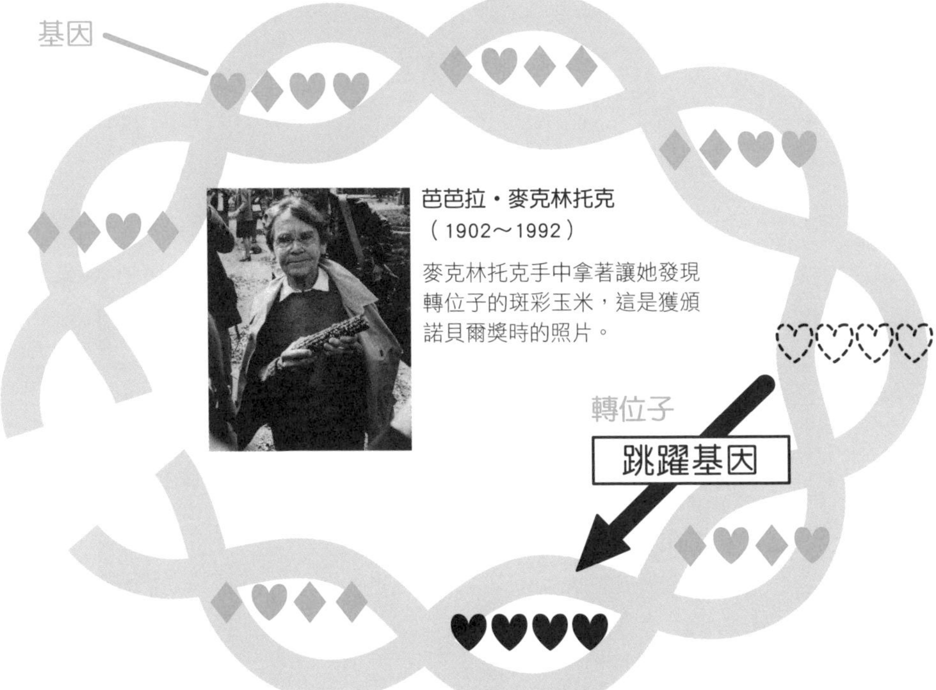

芭芭拉・麥克林托克
（1902～1992）

麥克林托克手中拿著讓她發現轉位子的斑彩玉米，這是獲頒諾貝爾獎時的照片。

看起來實在厲害

麥克林托克的研究比發現DNA結構早了2年，外界卻沒有給予正面評價。看來，是玉米的顏色改變了世界。

Q 葉和花是什麼樣的關係？

A 從歌德的《植物變形記》中就能知道兩者的關係

植物的葉和花乍看之下似乎沒什麼關係，無論是形狀、顏色、功能都不同。葉片會行光合作用製造養分，或是吸收二氧化碳、排出氧氣。花則是有雄蕊和雌蕊，負責製造種子的重要任務。

那麼，**葉和花究竟有什麼關係呢？解開這個謎團的，竟然是十八世紀德國的世界級大文豪歌德（Johann Wolfgang von Goethe，一七四九年～一八三二年）。**

歌德不僅是位創作小說的文學家與詩人，更活躍於法律及政治界，同時也是跨足多項自然科學範疇的天才。小說《少年維特的煩惱》、詩劇《浮士德》都是他的知名著作。

歌德堪稱萬能天才，他的才能也得以完全發揮於自然科學上。

舉例來說，歌德就發現了人類在胎兒時期，上顎與下顎間會暫時長出顎間骨，這塊骨頭在當時被認為並不存在於人體內。歌德藉由骨頭的研究，得到骨骼同源器官的概念。

歌德將這個概念應用在植物學，撰寫了《植物變形記》（一七九０年），提出所有植物都是從「原始植物」生成的論述。他甚至認為，植物花朵的花瓣、雄蕊等部位都是葉片變態（Metamorphosis，亦稱形變）成各種形狀後所產出的結果。

從現代植物學的角度來看，花朵是從葉片變態而成這個由歌德提出的論述是正確的。這也讓歌德成為早兩百年引領時代的自然科學家。

不只如此，歌德更透過觀察植物與實驗，探索植物的多樣性，並從中提倡名為「形態學」的概念。

1 歌德所說的「原始植物」是什麼？

化石植物「古果」
的修復示意圖

被子植物大約是在2億年前出現，所以花朵最早出現的時期約莫也是在那個時候。2002年，人們從中國1億2～3000萬年前的地層中，發現了花的化石，取名為「古果（Archaefructus）」。原本被認為是花朵的部分其實並非花朵，而是沿著莖部縱向排列的雌蕊與雄蕊。看了化石修復示意圖就會發現，雌蕊與雄蕊其實長得很像葉片。現代植物學也已經證實花朵、雌蕊、雄蕊皆源自於葉片，這或許非常接近歌德所提出的「原始植物」。

歌德（1749～1832）

歌德給人的印象就是一位文學家，但他本身也是科學家，非常活躍於色彩論、形態學、生物學、地質學、自然哲學等範疇。

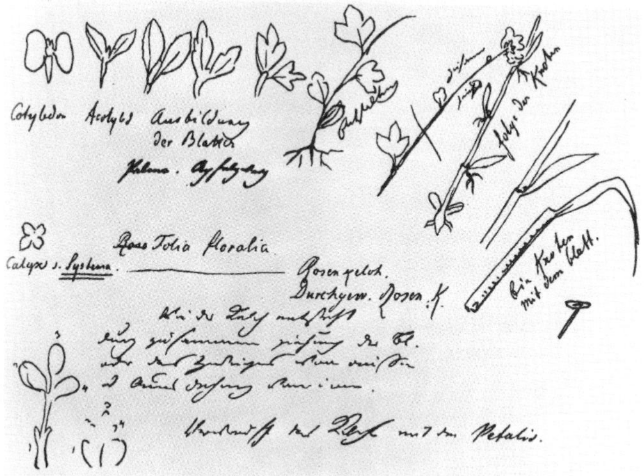

歌德描繪的植物生長素描。
據說因為印刷廠的緣故，歌德的原著中連一張圖片也沒有。

看起來實在厲害

對歌德來說，植物的外觀，也就是「形態」非常重要。歌德提出論述的200年後，世人開始解析花的基因，透過實驗證明了歌德所說是正確的。

Q 花是怎麼來的？

歌德提出葉片與花朵關係的二百年後，也就是到了一九九一年，人們才從阿拉伯芥與金魚草這類模式植物（實驗用植物，相當於動物實驗中的老鼠）的詳細基因分析中，驗證歌德所說是正確的，並**開始提倡能說明花是怎麼來的「ABC模式（ABC model）」**。

ABC代表著不同基因，A是產生花萼的基因群，B與A一起作用時能夠產生花瓣，與C作用的話則是能夠產生雄蕊的基因群，C是產生雌蕊的基因群。這個ABC模式能夠用來說明大多數的植物是如何長出花朵。

歌德探討的既不是興趣也不帶玩樂性質，而是他一生認真持續進行的研究。歌德在一七九0年著作的《植物變形記》提到，花的各個器官是經葉片不斷變態所形成。不過，如果要長出花朵，莖葉就必須充分生長。另外還需要一種名為激勃素（Gibberellin）的植物激素。

A 用ABC模式就能說明

ABC模式是否真的正確？就**必須驗證在花朵的突變體中，A、B、C起作用及未起作用時會有什麼變化，並證明能用ABC模式來說明這些變化**。

舉例來說，當A基因出現變異時，C的功能會不受A的限制強烈作動，並形成雌蕊；B出現變異時，只有A與C基因會作動，所以只會長出花萼與雌蕊；C發生變異的話，則是只有A與B能夠正常作動，這時只會長出花萼及花瓣。這些變異體都符合ABC模式，所以用此模式來說明花的形成基本上是正確的。

1 花朵是怎麼透過ABC模式長出？

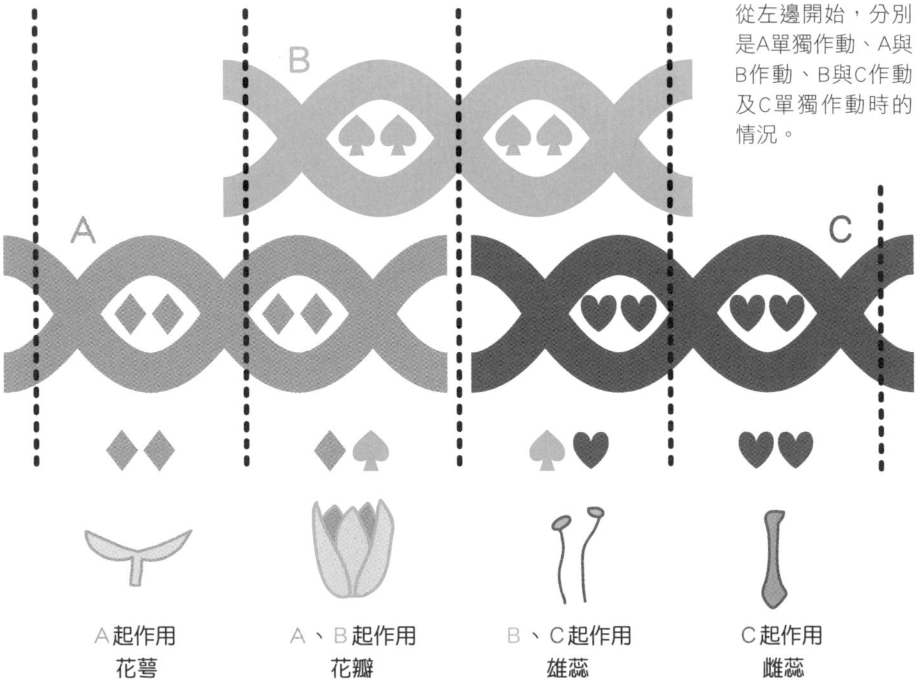

從左邊開始，分別是A單獨作動、A與B作動、B與C作動及C單獨作動時的情況。

2 ABC模式源自於阿拉伯芥

阿拉伯芥是原產於北非的十字花科植物，在日本也作為歸化植物栽培。阿拉伯芥世代交替迅速，能輕鬆種植於室內，特性表現非常適合作為植物學研究的材料，所以常被使用在植物生理學或基因解析上。這些使用於科學研究當中的生物名為「模式生物」，阿拉伯芥就是植物學的「模式植物」。都要多虧阿拉伯芥的研究，才能夠發現ABC模式。另外，阿拉伯芥的基因解析也驗證了歌德論述（參照P85）是正確的。

阿拉伯芥高度約20～30cm，
會開出直徑2～3mm的白色小花。

看起來實在厲害

當A、B、C三種基因群正確作用時，花朵就能正常綻開。當其中一個基本沒有作動，則會出現變異。如果ABC三者都沒有起作用，那麼整朵花就會回到葉片狀態。

Q 為什麼進入春天時會出現花粉症？

A 花粉長得很像病毒，還帶有過敏原

會出現花粉症，多半是因為柳杉、扁柏等風媒花植物的花粉所造成。靠著風吹讓花粉四處飛散是植物繁衍子孫策略中最原始的方法。

柳杉的學名為Cryptomeria japonica，意指「種子隱藏於花苞（鱗片）下的日本柳杉」，它還被稱為「隱藏的日本財產」，是日本原生的常綠針葉樹。

日本柳杉有很多名稱，像是屋久杉、秋田天然杉等，其實這些柳杉的種類相同，只是每個地區因地緣關係取了不同的名稱罷了。柳杉的最大特色在於耐疾病且生長速度快。由於日本住宅需求增加，全國各地便開始大量種植柳杉。

根據日本林野廳的資料，日本自一九六0年因採行貿易自由化政策，開始開放木材進口，自給率在二00二年來到百分之十八左右，為歷年最低。

不過，未定期採伐的柳杉樹林卻也引發了各種問題，最具代表性的當然就是「柳杉花粉症」。進入春天時，類屬風媒花植物的柳杉會開出大量花朵，花粉伴隨風吹至遠方，使得一九八0年代日本罹患「柳杉花粉症」的人數增加。

柳杉花粉進入體內後，會引起過敏症狀。這是因為柳杉花粉內所含的「過敏原」被體內的免疫細胞視為外敵，免疫細胞為了驅趕這些「過敏原」所出現的不適症狀。

雖然柳杉花粉的大小與病毒不同，但是形狀類似，免疫細胞將花粉這個異物視為外敵也是在所難免。流感病毒進入身體後，會在幾天內不斷增生，但是進入體內的花粉並不會像病毒一樣增生。

1 為什麼會出現花粉症

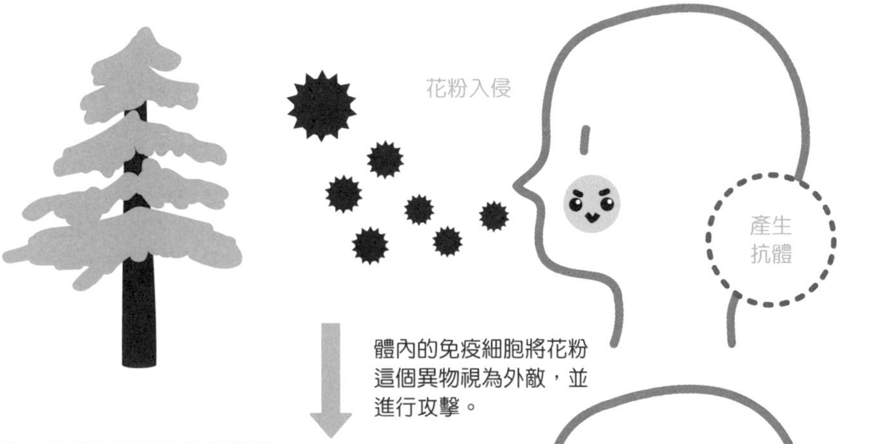
花粉入侵
產生
抗體
體內的免疫細胞將花粉這個異物視為外敵，並進行攻擊。

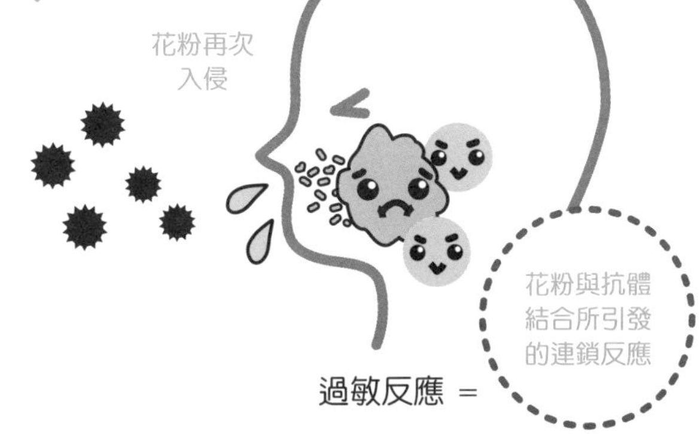
花粉再次入侵
花粉與抗體結合所引發的連鎖反應
過敏反應 =

花粉症救星？

日本目前已經開始實驗性種植「春來（はるよこい）」「爽春」「立山　森林光輝（立山　森の輝き）」等以柳杉改良的無花粉品種。對所有深受花粉症所苦的日本人來說，這些無花粉品種或許會有機會成為希望之星。

2 偶然相似？花粉與病毒

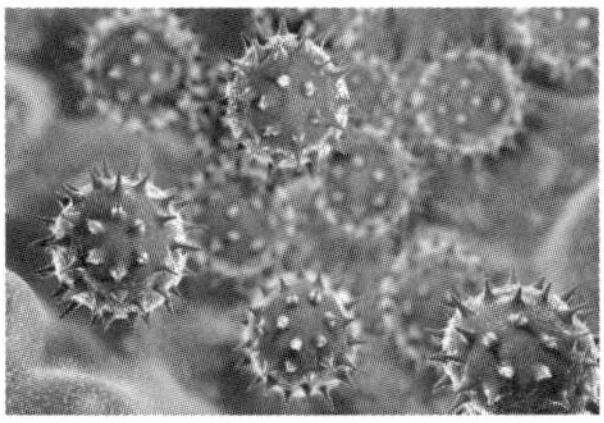

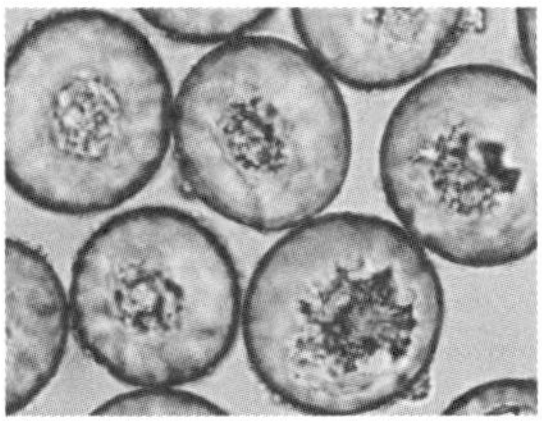

兩者雖然相似，大小卻差很多。左邊的病毒大約是1萬分之1mm，右邊的花粉則是100分之1mm，相差100倍左右。病毒的DNA會不斷變化，所以很難應付。

看起來實在厲害

仔細觀察花粉的電子顯微鏡照片，會發現形狀與流感病毒十分相似。病毒雖然只有花粉100分之1左右的大小，但一樣都會讓人出現某些症狀並感到不適。

COLUMN 4

只為特定的昆蟲開花—達爾文之蘭

提出進化論的查爾斯・達爾文（一八0九年～一八八二年）在位於鄉下的自宅做各種植物的觀察與實驗，成了植物學研究家的先驅。

他看到了從馬達加斯加島取得的大彗星風蘭有著長度超過二十公分的花距（裡頭帶有蜜汁的部分）後，便猜測一定有某種昆蟲，擁有相當長度的口器（用來吸蜜）。這也讓大彗星風蘭又被稱為「達爾文之蘭」。最後也真如達爾文的猜測，在四十年後發現了擁有長口器、名為長喙天蛾（Xanthopan morgani praedicta）的天蛾。

擁有30cm長口器的長喙天蛾為了大彗星風蘭花距深處的蜜汁而來，這時蛾身上會附著花粉，讓蘭花得以授粉。

第4章

每天都是生存戰 植物的「環境」活用法

Q 什麼是負責保護其他植物的「植物保鑣」？

在討論農業或園藝時，經常會說如果把想種的植物與搭配性不錯的植物種在一起（混植），不僅兩者都有助預防病蟲害，還能促進生長，增加收成量，預期會有不少效果。

這樣的植物稱為「共生植物（Companion Plants）」。據說大多數的共生植物都是從經驗中發現的。在野外，各式各樣的植物會一起棲息生長，當中就能看見不少共生植物的組合。

舉例來說，各位應該都曾經看過在水田田埂上開了一整排又紅又美的紅花石蒜。紅花石蒜帶有一種名為石蒜鹼的生物鹼毒素，據說老鼠及鼴鼠會因為石蒜鹼不敢進入水田中，避免中毒。**紅花石蒜就是共生植物，也可以說是稻作的保鑣。另外，蠶豆會聚集許多黑黑的小蚜蟲，這時只要放上瓢蟲或其幼蟲，就能幫忙吃掉蚜蟲。**

A 種在一起能預防病蟲害的共生植物

除此之外，栽培作物的田地邊緣有時也會種植人稱「天敵溫存植物（Banker Plants）」的花，多半是波斯菊、向日葵、薰衣草、迷迭香、萬壽菊等會開出漂亮花朵的植物。種植這類植物，都是為了吸引會吃掉作物的天敵昆蟲能在附近棲息繁殖，所以這些花也算是作物的保鑣。

另外還有不太一樣的共生植物，**譬如番茄與韭菜的混植，這樣的組合是為了預防連作障礙所引起的疾病。**蚜蟲雖然會寄生於韭菜，卻不會寄生在番茄上，如此一來，番茄就能順利生長。

1 植物會保護植物

共生植物範例

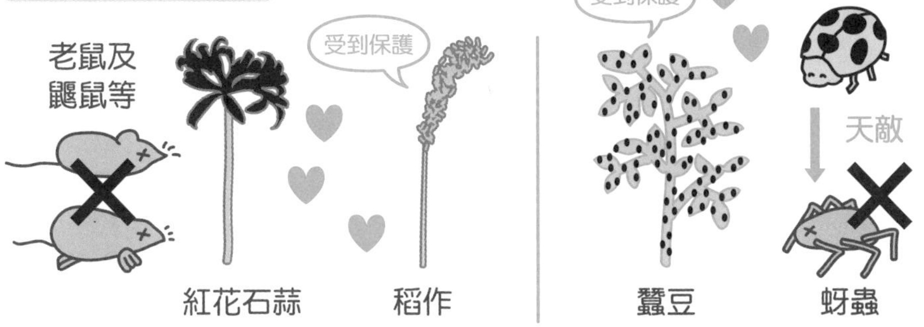
受到保護
瓢蟲
老鼠及
鼴鼠等
受到保護
天敵
紅花石蒜
稻作
蠶豆
蚜蟲

2 農家的智慧　韭菜與番茄混植

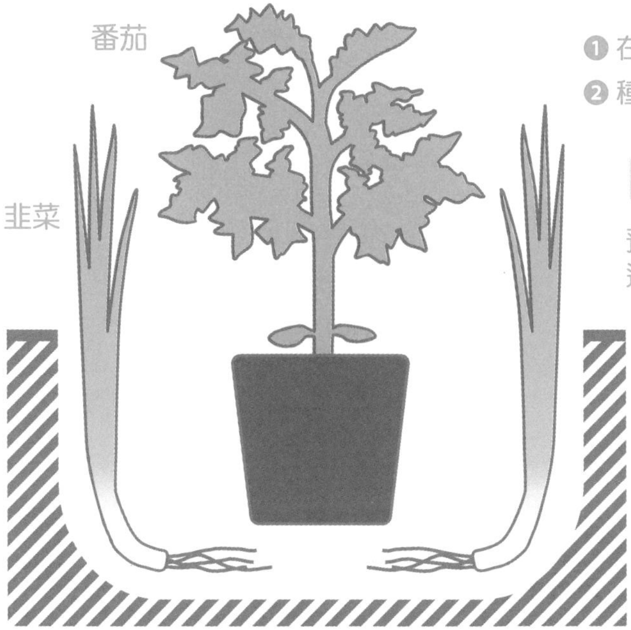
番茄
韭菜

❶ 在植穴底部鋪放韭菜根
❷ 種入番茄

效果

預防連作障礙＆
避免番茄長蟲

生產蔬菜的過程中，有時會出現「連作障礙」。這是指同一種蔬菜持續種植於相同地點會發生的障礙，對生產者來說可是攸關生計的大問題。針對連作容易生病或發生病蟲害的蔬菜，其實可以透過共生植物的組合搭配，讓連作不再困難。

這個生存術夠厲害！

混植利用的是植物同類間彼此互助的關係，共生植物便是最典型的模式，也是農民從長久經驗中得到的智慧呢！

Q. 植物是如何撐過嚴峻的環境？

A 自己打造溫室，讓球根或種子休眠度過

喜馬拉雅山脈海拔四千公尺以上的高山凍原地帶夏天不僅寒冷，冬天更是極寒嚴峻。喜馬拉雅高地自生著高度可達一至二公尺、名為塔黃（Rheum nobile）的植物。塔黃準備製造種子時，葉片會變態成半透明的苞片，包覆著花序（一群小花）並不斷長大。

這個苞片很厲害，能夠阻擋紫外線，只讓可視光通過，就像是保護著花序的溫室。也因為這樣，**塔黃又有「溫室植物」的別稱。溫室內的氣溫比外面至少高出十度C，會吸引許多想取暖的蒼蠅前來。**這時塔黃就能透過蒼蠅授粉，製造種子。

另外，喜馬拉雅山脈還自生著另一種高度二十公分、人稱「毛衣植物」的雪兔子（Saussurea gossypiphora）。這種植物會從葉片長出柔毛，花朵與葉片都會被柔毛包覆，看起來就像是一球毛線，彷彿身上穿著毛衣。毛球內部的溫度會比外面高出至少十度C，開花時，小型蒼蠅會進入頂端的小洞，讓雪兔子得以授粉。

位於南非的納馬庫蘭年降雨量極少，是世界數一數二的乾燥地帶。乾季雖然不見植物的蹤影，但是挖開地面後，就可以發現各種植物的球根或種子。

這是因為植物們正讓球根及種子休眠，等待雨季的來臨。進入雨季後，地底的植物們就會開始發芽。

納馬庫蘭也會綻開出許多顏色繽紛、種類多樣的花朵，就像一片廣闊的樂園大地。

1 海拔高度4000公尺也能暖呼呼

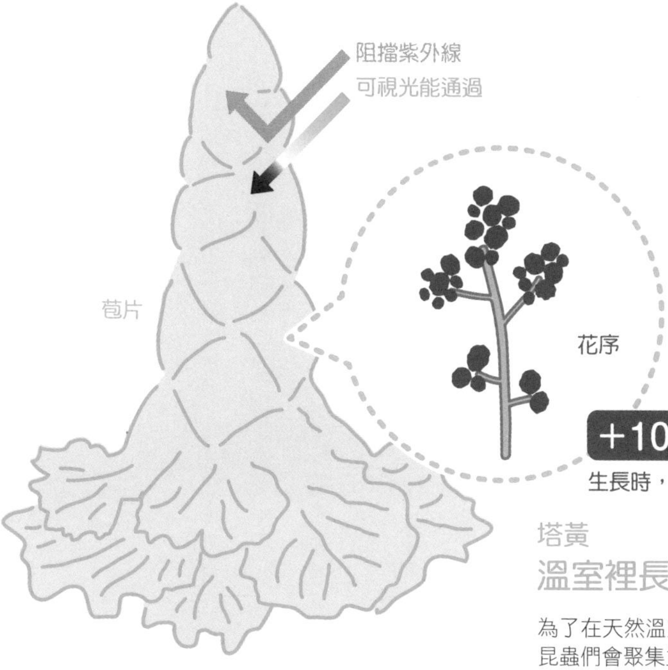

+10℃

生長時，苞片會包覆著花序。

塔黃

溫室裡長有花朵

為了在天然溫室中取暖，
昆蟲們會聚集並授粉。

2 喜馬拉雅編織的毛衣

雪兔子

毛衣裡長有花朵

+10℃

會從葉片長出白毛

喜馬拉雅山脈自生著人稱「毛衣植物」的雪兔子。它的葉片會長出柔毛，包覆住花朵與葉片。形狀像是一顆毛線球，彷彿穿著毛衣。

這個生存術夠厲害！

植物會找出適合嚴苛環境的生存方式，所以才會有溫室植物或毛衣植物。還有些生長於氣候長年乾燥地區的植物會先讓種子或球根休眠，等待雨季的來臨。

Q 植物如何保護自己不被天敵攻擊？

A 採取恩威並施的高超手段

植物除了要能夠適應酷熱及寒冷氣候，還會經常受到動物或害蟲的威脅。這些動物及害蟲也是為了生存，才會將植物視為餌食加以攻擊。不過，植物可是有些自我保護的招數，如帶有毒性、尖刺、味道糟糕等。

舉例來說，家裡也常栽培作為觀賞用植物的**山月桂美麗花朵中，就帶有會毒死人的劇毒**。

烏頭、鐵線蓮、銀蓮花等許多外觀看起來非常漂亮的毛莨科花朵都帶有生物鹼毒素；裡頭還有原本被用來做成中藥等藥品材料的花朵，這也代表著毒與藥存在一體兩面的關係。

不僅如此，相思樹還會將大尖刺提供給螞蟻當棲身之所，利用螞蟻阻絕其他昆蟲的攻擊，將螞蟻馴養成奴隸保護自身的安全（也有人對奴隸化持不同意見）。**螞蟻舔食相思樹後，開始對樹液上癮，最終成了相思樹的奴隸及門衛**。

你我身邊也有類似的情況，染井吉野櫻等薔薇科櫻屬植物在葉身基部長有名為「花外蜜腺」的圓凸物，供特定的螞蟻舔食。螞蟻具有守護自己領域的習性，所以不會讓其他害蟲入侵。

禾本科植物的長長葉緣就像是長了一整排眼睛看不見的小刺刀。動物們拉扯葉片，準備吃下肚的時候，藏在上頭的尖物就會刺傷動物。**蕁麻的葉柄等處同樣有著帶有毒性、像注射器一樣的尖刺**，動物吃了葉片後就會不舒服。植物這些自我保護的手段可是既獨特又多元呢！

1 相思樹用自己的樹液把螞蟻變成門衛

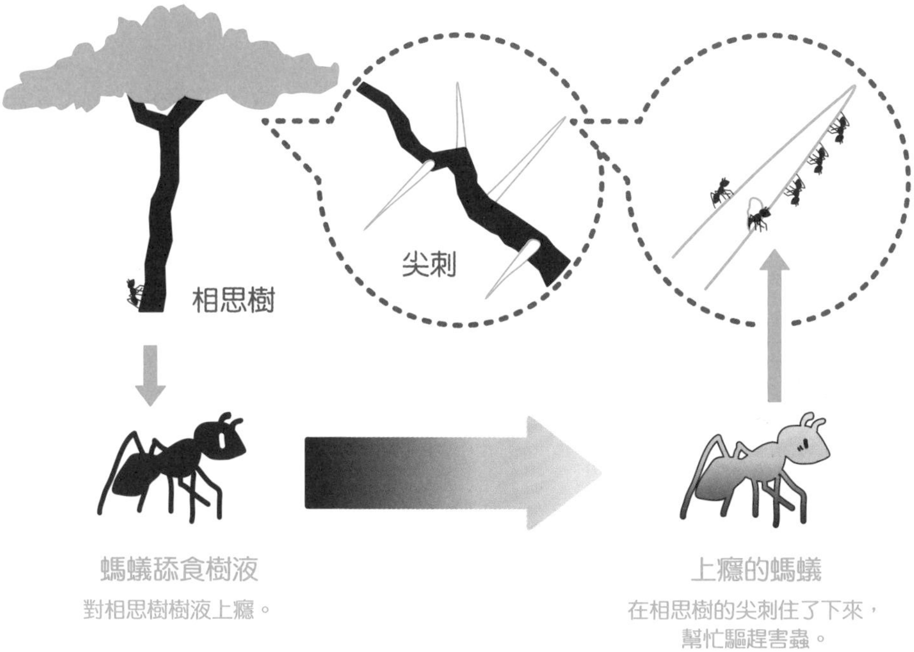
尖刺
相思樹
螞蟻舔食樹液
對相思樹樹液上癮。
上癮的螞蟻
在相思樹的尖刺住了下來，
幫忙驅趕害蟲。

相思樹與螞蟻的關係一般又稱為「共生」。

2 美味的葉片也長有尖刺

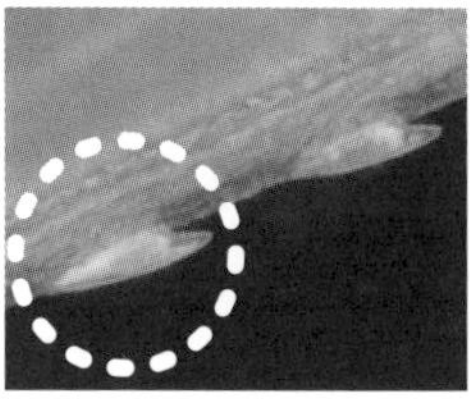

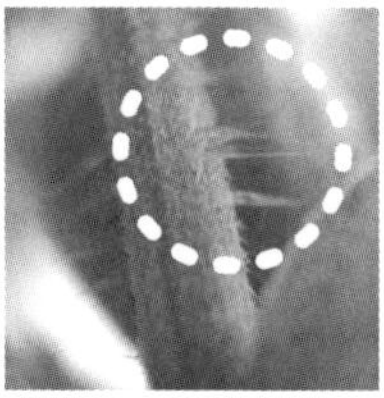

©廊下のむし

（左圖）芒草葉上長了以玻璃質（成分為矽）構成的尖刺物，動物拉扯啃食的時候就會受傷。
（右圖）蕁麻的尖刺帶有毒針，動物吃了會很不舒服。

這個生存術夠厲害！

植物會用盡各種方法阻擋被蟲類侵蝕的危險。大多數的植物會以毒素或尖刺來自我保護，當然也有用樹液引誘螞蟻成為門衛，讓螞蟻棲息於尖刺的植物。擁有花外蜜腺的植物能夠阻擋掉螞蟻以外的其他蟲類。

Q 是什麼植物讓地球成為生命之星？

A 藍綠菌帶來的奇蹟讓生命得以繁榮

目前認為地球誕生於四十六億年前，生命則是誕生於三十八億年前。最原始的生命來自富含養分的積水處（當時的沼澤、大海等）並隨之演化。

當時地球的大氣裡幾乎都是二氧化碳，氧氣占不到百分之一。最先出現的單細胞生物是不需要氧氣的細菌類生物。

接著在**大約二十七億年前，出現了一種能夠行光合作用的藍綠菌。**無數藍綠菌製造的氧氣飄出海中，慢慢在大氣裡擴散開來。於是在六億年前形成了臭氧層，大氣裡的氧氣濃度更在四億年前明顯增加。

這段期間，海裡開始出現大量藻類、甲殼類、魚類等生物。會行光合作用的綠藻同類便是陸地植物的原始祖先。

一般認為，綠藻類可能因為某些環境因素，導致無法回到海中，於是部分的綠藻開始適應陸地，並成為陸地植物的祖先。

植物登陸後（參照第四十九頁），就從原本的苔類植物、蕨類植物、裸子植物、被子植物逐漸演化成高等植物。海中的甲殼類及魚類也開始追隨植物的腳步，逐漸登陸。甲殼類演化成昆蟲，魚類最終則演化成兩棲類、爬蟲類、哺乳類、鳥類。

因為海中的動物是追隨植物的腳步才會現身陸地，所以植物與動物的關係可說已超過四億年。

恐龍最早出現於二億五千萬年前的三疊紀。**一億六千萬年前的侏儸紀末期則誕生了會開出花朵的被子植物，**昆蟲與被子植物的幸福關係也就此展開。

1 製造地球氧氣的細菌

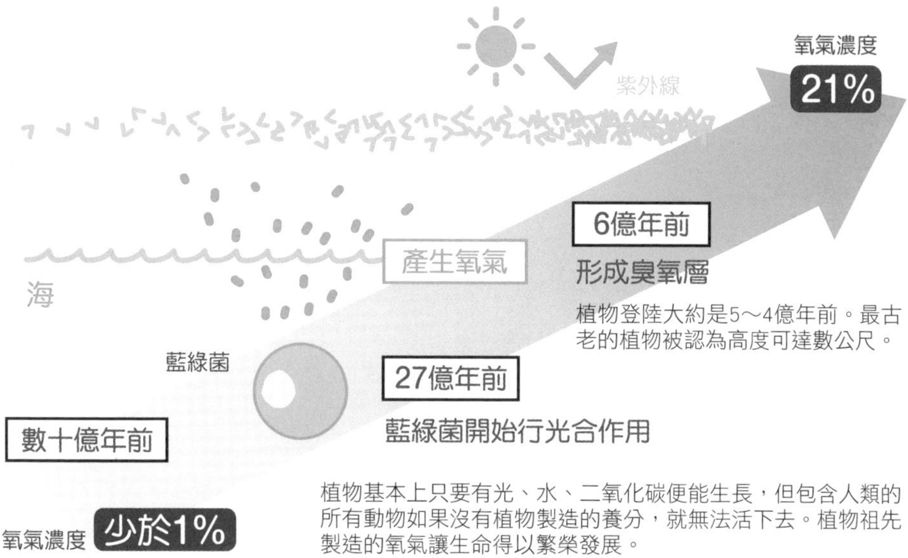
紫外線
氧氣濃度
21%
產生氧氣
海
6億年前
形成臭氧層
植物登陸大約是5～4億年前。最古老的植物被認為高度可達數公尺。
藍綠菌
27億年前
藍綠菌開始行光合作用
數十億年前
氧氣濃度
少於1%

植物基本上只要有光、水、二氧化碳便能生長，但包含人類的所有動物如果沒有植物製造的養分，就無法活下去。植物祖先製造的氧氣讓生命得以繁榮發展。

2 植物從誕生到登陸

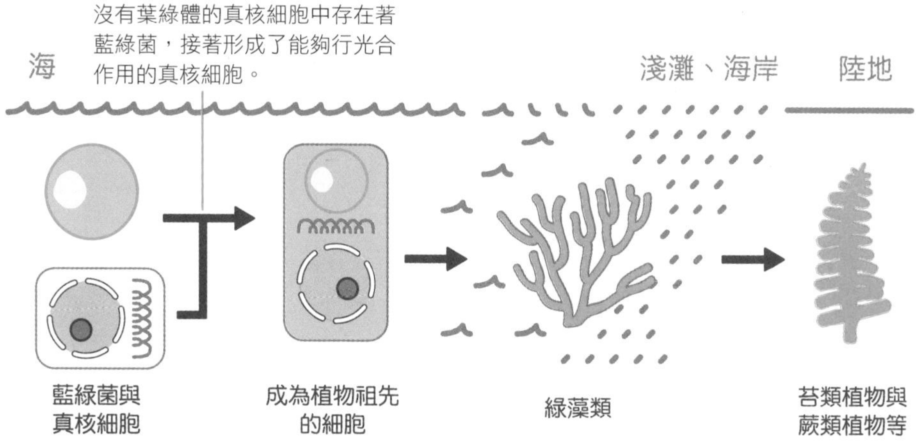
沒有葉綠體的真核細胞中存在著藍綠菌，接著形成了能夠行光合作用的真核細胞。
海
淺灘、海岸
陸地
藍綠菌與真核細胞
成為植物祖先的細胞
綠藻類
苔類植物與蕨類植物等

這個生存術夠厲害！

植物的祖先製造氧氣，花了數十億年才打造出生物能四處棲息的環境。這也讓植物朝陸地邁進，動物更是跟隨植物的腳步登陸。

Q 生命的起源究竟是植物？還是動物？

A 有論點認為最早誕生於三十八億年前的生命可能既是動物也是植物

生命的起始被認為已超過三十八億年。生命誕生之謎雖然還沒有完全解開，但目前知道至少已經發生過一次生命誕生，地球上的生物都是其子孫。會這麼說，是因為所有生物被認為從一開始就擁有著共通的基因情報。

生命誕生後，會接著衍生出其他課題。植物類生命只要有陽光、水、二氧化碳就能自己生產有機物，不過，動物類生命必須靠植物類生命製造的有機物才能生存。**植物等會製造有機物的生命被稱為自營生物，獲取有機物的生物則稱為異營生物（動物等）。**

生命誕生後，兩者便立刻建立起關係。在探討以單細胞微生物為起源的生命共同祖先時，人們開始爭論究竟是先有異營生物，還是先有自營生物，一直以來都無法得到結論。每個論述都有道理，每個論述也都有爭議之處。

就在二〇一八年二月，以日本海洋研究開發機構為首的研究學家，在美國相當具權威的科學期刊發表了「混營生物」為共同祖先的論述。研究團隊在沖繩深海的熱泉區採集到原始微生物的細菌，並針對細菌分析得到了這個結果。

這個細菌不僅是能自己合成有機物的自營生物，還會被動地從環境獲取有機物，是能從氫元素中獲得能量的混營生物。從上述表現來看，混營生物就與動物等必須從有機物中取得能量的異營生物有所差異。

透過這次的研究，雖然又朝解開生命起源之謎邁出一大步，不過生命究竟是如何從無機物開始的最大疑問仍然無解。我們何時才能找出答案呢？

1 眼蟲是混營生物嗎？

浮游植物帶有葉綠體，雖然無法活動，卻是能行光合作用的自營生物。浮游動物則必須仰賴來自外界的營養，是能靠自己活動的異營生物。

無法歸納於任一方，介於植物與動物間存在的，則是一種名為眼蟲（Euglena，亦名為裸藻）的生物。眼蟲既能靠鞭毛運動，也能透過葉綠體行光合作用。眼蟲雖然可分為許多種類，不過當中有些屬於混營生物。

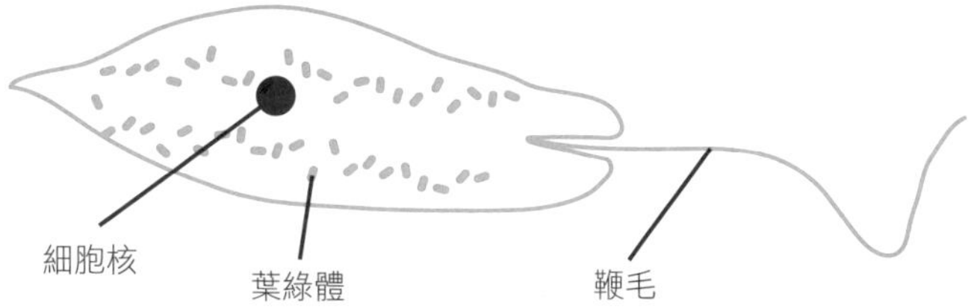
細胞核
葉綠體
鞭毛

2 地球上最原始的生命是異營生物？還是自營生物？

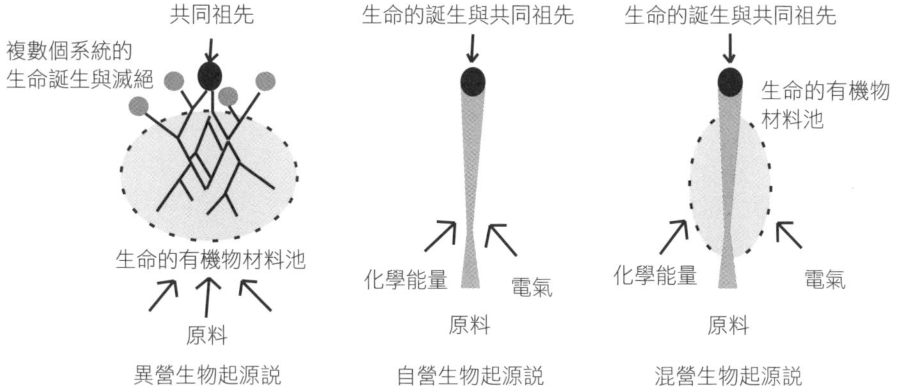
共同祖先
複數個系統的
生命誕生與滅絕
生命的有機物材料池
原料
異營生物起源說
生命的誕生與共同祖先
化學能量
電氣
原料
自營生物起源說
生命的誕生與共同祖先
生命的有機物
材料池
化學能量
電氣
原料
混營生物起源說

異營生物起源說與自營生物起源說各有弱點，所以一直以來都無法得到究竟誰先的結論。在沖繩深海發現的微生物變成了追尋生命起源的關鍵。發現的微生物細菌是會從周遭環境吸收營養，卻又能自己製造養分的混營生物。這個發現克服了既有論述的不足之處，也讓「混營生物起源說」更站得住腳。

由「國立研究開發法人海洋研究開發機構（JAMSTEC）」等共同研究所發表的新聞稿。

這個生存術夠厲害！

植物是能夠自己製造營養的自營生物，其他則是幾乎必須仰賴植物的異營生物。最新研究發現，具備兩者特徵的混營生物說不定是生命的起源。

Q 要怎麼躲避紫外線的攻擊？

A 花的顏色不是只有好看，還能消除紫外線產生的活性氧

對生物來說，陽光所含的紫外線是有害光線。因為吸收紫外線後，體內會產生不好的活性氧。

活性氧擁有能讓物質氧化的強大能力，在人體內可以幫助除去有害物質，但是一旦過量，就會開始攻擊正常細胞。對植物來說，活性氧更是有害無益的麻煩存在。

會開出顏色繽紛花朵的被子植物是如何預防紫外線的呢？其中一個祕密就藏在花色裡。花朵的繽紛顏色其實只由三種色素組成，分別是類黃酮（花青素：紅～藍）、類胡蘿蔔素（黃）、甜菜色素（黃～紫），葉片的綠色則是來自葉綠素（綠）。**其實植物的色素不單是用來點綴花朵、吸引蟲鳥的目光，這些色素在抑制紫外線形成的活性氧上也非常有幫助。**

活性氧會加速身體老化，成為各種疾病的原因。對植物來說，重要的種子無法抵擋活性氧，所以必須試著消除活性氧。

這時，**植物會合成維生素C及維生素E這些抗氧化物質來消除活性氧。另外，具備抗氧化作用的花朵色素能為雌蕊柱頭的深處給予防護，避免會長出種子的胚珠遭到紫外線攻擊**。植物就是利用這種合成本領，消除來自有害紫外線的氧化物質。

生長於紫外線比平地更強的高山花朵顏色都非常鮮豔，這是因為花朵會不斷增加可抗氧化的色素，躲避紫外線所帶來的結果。

1 花色的兩種功效

❶ 吸引蟲類
❷ 消除活性氧
紫外線
色素
產生活性氧
抗氧化作用

2 繽紛的花色組成色素只有三種

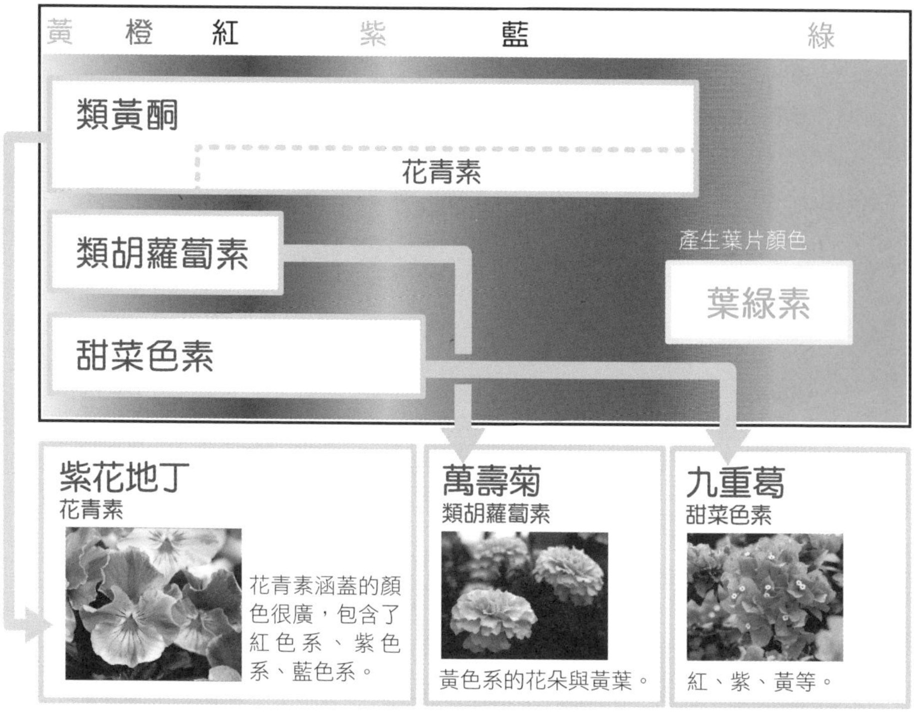
黃
橙
紅
紫
藍
綠
類黃酮
花青素
類胡蘿蔔素
甜菜色素
產生葉片顏色
葉綠素
紫花地丁
花青素
花青素涵蓋的顏色很廣，包含了紅色系、紫色系、藍色系。
萬壽菊
類胡蘿蔔素
黃色系的花朵與黃葉。
九重葛
甜菜色素
紅、紫、黃等。

這個生存術夠厲害！

花種在室外會接收到比室內更多的紫外線，花色也相對鮮豔。花朵生長於紫外線強烈的高山地區時，會呈現更亮麗的顏色。

Q 為什麼歸化植物會大暴走？

A 超強生命力讓歸化植物變身成惡魔

歸化植物正確的說法不單是指來自國外的植物，而是指進入國內後，在野外不斷增生繁殖的植物。

你我身邊最熟悉的歸化植物就是西洋蒲公英。它的生命力極強，只要有留下芽，就能繼續生長繁殖（參照第六十頁）。也因為這樣，**日本各地可見的蒲公英中，西洋蒲公英已經比關西蒲公英還要多。**西洋蒲公英是原產於歐洲的歸化植物，為菊科蒲公英屬的多年生草本植物，也就表示同一植株可持續開花數年。

西洋蒲公英是日本環境省指定的「須警示外來物種」，更入選日本生態學會發表的「日本百大入侵外來種」。從海外攜回日本的蒲公英是能靠無性繁殖增生的三倍體，所以西洋蒲公英只需透過無性繁殖，就能自己不斷增量。

如果各位認為西洋蒲公英屬於三倍體，所以不會製造出種子的話，那可就大錯特錯。因為西洋蒲公英有著超強生命力，自己便能製造種子，完全不需要花粉。

不只如此，就算西洋蒲公英的葉片被動物吃掉，只要有留下芽，它還是能繼續長出。如此旺盛的繁殖力讓西洋蒲公英遍及日本各地，尤其會大量出現在市區街道，不過，目前仍有在來種勢力較強大的地區。以西洋蒲公英的特性來看，我們可以從一個區域是否開有大量西洋蒲公英，來判斷該區域的都市化程度。所以在街道上看見的蒲公英基本上都會是西洋蒲公英。

歸化植物以菊科的數量居冠，北美一枝黃花、洋金花也都是歸化植物。不過，對其他國家而言，日本的芒草、葛藤也都是造成問題的歸化植物。

1 從外觀區分兩種蒲公英

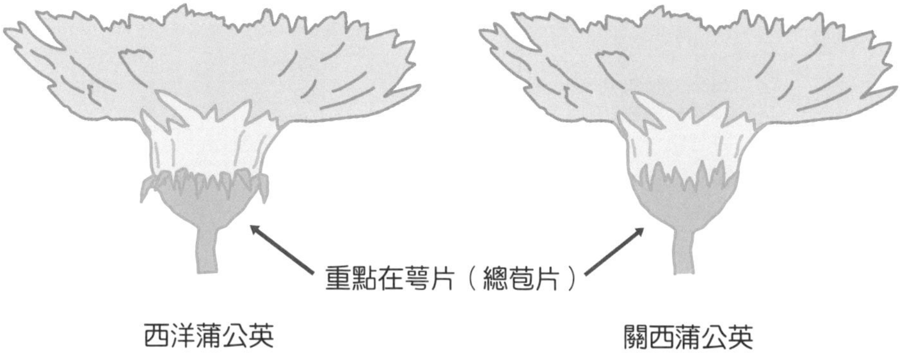
重點在萼片（總苞片）
西洋蒲公英
關西蒲公英

2 為什麼西洋蒲公英會不斷擴散

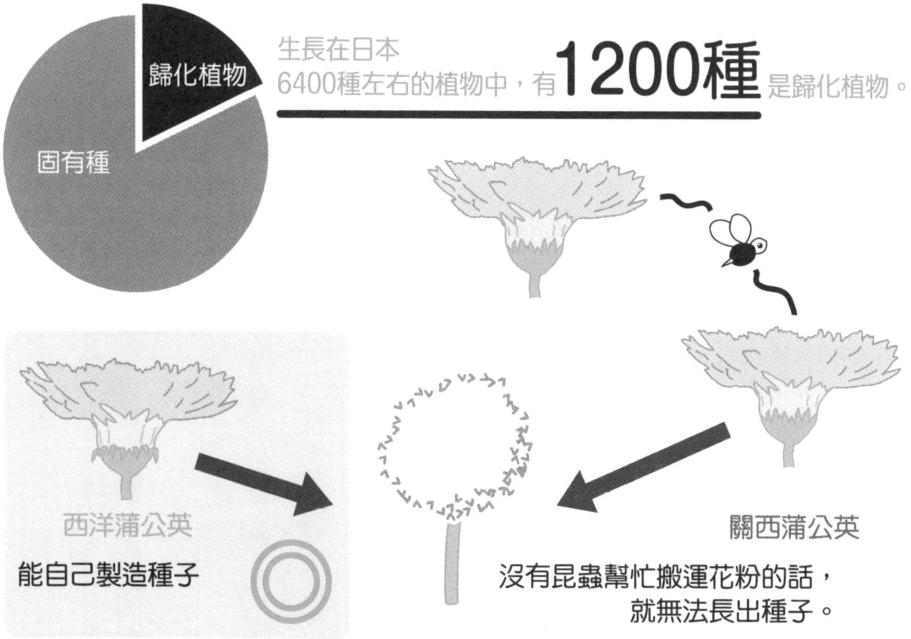
歸化植物
固有種
生長在日本
6400種左右的植物中，有1200種是歸化植物。
西洋蒲公英
能自己製造種子
關西蒲公英
沒有昆蟲幫忙搬運花粉的話，
就無法長出種子。

這個生存術夠厲害！

你我身邊常見的知名歸化植物還包含了白花三葉草（或稱三葉草）、西洋菜、波斯菊等。須警示外來物種則有西洋蒲公英、三裂葉豬草、春飛蓬等。

Q. 植物是怎麼到處繁衍子孫？

A 靠自己，或是靠大自然及動物的幫忙

植物無法移動，如何盡可能地把種子送到遠方便成了非常迫切的問題。不只有植物，擴張自我領域也是其他生物得以繁榮的必要行為。

植物擴張領域可大致分為三種方法：①透過風或水等大自然的力量、②由動物們幫忙搬運種子、③以物理方式靠自己的力量把種子彈飛至遠處。

棕櫚的果實會靠浮力浮在水面，並利用水的力量漂流到遠處的海岸，這也是為什麼棕櫚樹都會長在海邊的原因。只要讓果實落在沙灘，海浪總有一天會把果實捲進海裡。

翻滾於沙塵飛舞的美國乾燥大地，將種子散播出去的**風滾草（許多草類都是風滾草）則是利用風力散播種子的植物**。風滾草枯萎的莖部附著大量種子，許多枯莖捆成圓球後，會隨著風吹四處滾動，並將種子散播出去。

由動物負責搬運種子的植物中，最具代表性的就是蒼耳果實。當我們走進高度較高的草叢時，褲子可能會附著很多的植物果實，必須耗費相當工夫才能把果實拍落。這些果實不只附著於衣服上，也會黏在動物毛髮上。

另外，也有動物在吃了果實後會將種子吐出，或事後排便於某處。

其他的話，**還有靠自己力量將果實彈飛出去的鳳仙花，以及就算沒有風吹，也能讓種子像滑翔機一樣在空中滑行至遠方的翅葫蘆等**，自食其力搬運種子的植物。

1 種子大冒險！

❶ 利用風或水的力量

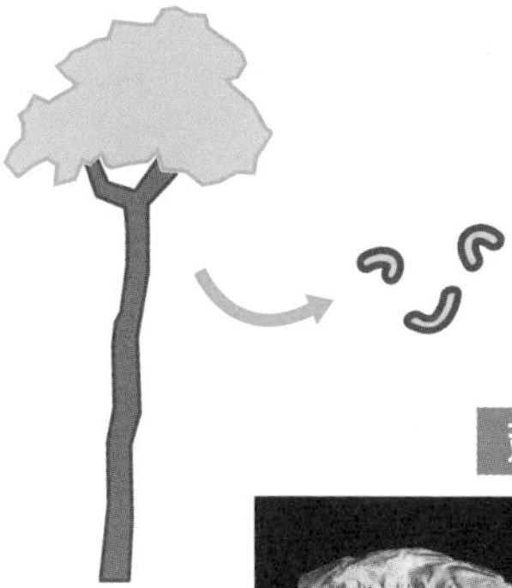

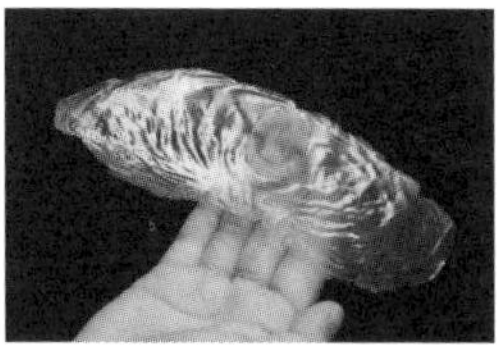

果實長在樹木高處，當果實裂開，裡頭的種子就會一片接著一片在空中滑行至遠方地面。

❷ 和動物一起移動

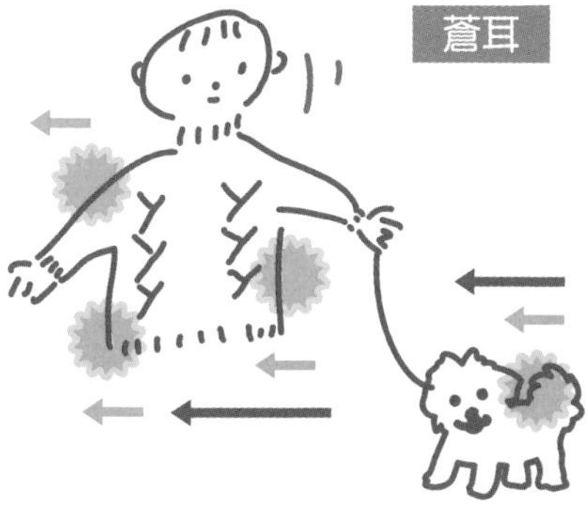

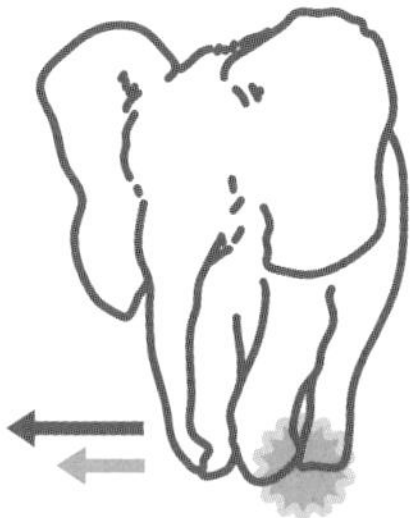

魔鬼爪

非洲有種長了地表最強尖刺、名為魔鬼爪的藤性植物。種子被尖刺包圍在中間的硬殼內。大象或犀牛等大型動物一旦踩到尖刺就完全無法拔出。尖刺的中心部會在動物們行走的過程中剝落，使外殼掉落地面，種子也就跟著散播出去。

❸ 自食其力散播種子

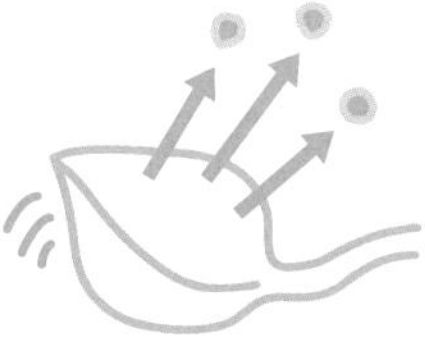

鳳仙花

果實蹦開時會像彈簧一樣，以物理的方式將種子彈飛出去。

這個生存術夠厲害！

種子有時會被動物吃下肚，跟著糞便散播出去，或是隨著水流向他處，帶有許多種子的枯莖也可能捲成球狀後，隨著風在乾燥地區滾動散播，種子的散播方式可是既高超又多樣呢！

Q 怎樣才能讓水吸到樹頂這麼高的位置？

A 只要運用四股「力量」，一百公尺高的樹木也很容易

眺望數十公尺高的樹木時，總讓人覺得不可思議。「明明就沒有幫浦，是怎麼把水送到樹頂這麼高的位置？」

水無法送達的話，樹頂想必會枯萎，不過樹木看起來並沒有這樣的情況。

這時又會衍生出「如果是這樣，樹木應該會一直永無止境地長高吧」的疑問。

一直被這些問題侷限住的話，當然就沒辦法得到更具體的預測。因為大自然會像是在嘲笑人類理論般，將完全超出預期的事實呈現在世人眼前。

目前普遍認為，水會透過四股力量輸送至植物體的每個角落，分別是：

①根部從地底將水吸起來的力量（根壓）。

②水的通道，也就是導管中的「毛細現象」。

③透過葉片氣孔等處，把光合作用形成的過剩水分以「蒸散作用」排出的力量。

④水分子無論在哪都會彼此相串聯的「凝聚力」。

這四股力量充分搭配後所產生的加總力就能將水運送至整個植物體。

二〇〇六年，人們在美國加州的紅木國家公園發現了三株非常罕見的巨大紅杉。

最高的紅杉高度甚至超過一百一十五公尺，是目前名列最高紀錄的樹木，這棵紅杉甚至被以希臘神話諸神之一的「海柏利昂（Hyperion）」來命名。

紅杉的樹齡約六百至八百歲，據說換算成人類年齡相當於二十歲左右。這麼來看，紅杉今後或許會繼續長高。

1 為什麼能把水吸到100公尺的高處？

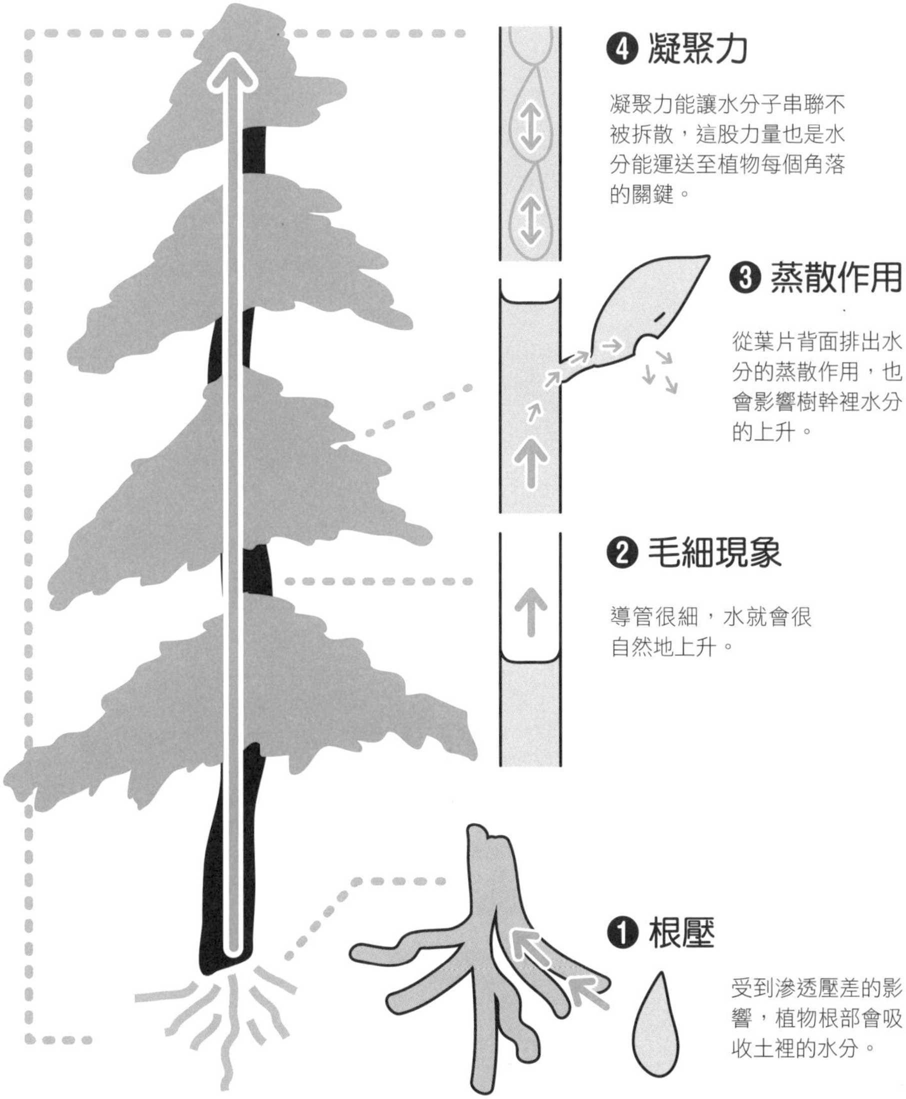
❹ 凝聚力
凝聚力能讓水分子串聯不被拆散，這股力量也是水分能運送至植物每個角落的關鍵。
❸ 蒸散作用
從葉片背面排出水分的蒸散作用，也會影響樹幹裡水分的上升。
❷ 毛細現象
導管很細，水就會很自然地上升。
❶ 根壓
受到滲透壓差的影響，植物根部會吸收土裡的水分。

這個生存術夠厲害！

加總四股力量後，就能將水運送至樹木的各個角落。目前最高樹木的紀錄雖然已達115公尺，但隨時都可能再更新紀錄。

COLUMN 5

加拉巴哥群島的巨型蒲公英

大自然總是充滿了遠遠超乎你我想像的現象，證據之一就是照片裡的「樹木」。照片怎麼看都是樹木，但不瞞你說，這其實是巨型蒲公英。是自生於赤道下方、浩瀚太平洋孤島群的加拉巴哥群島中，聖克魯斯島高地斜坡上名為樹菊的菊科植物，這些樹菊更形成了整片森林。

目前猜測這些草生的蒲公英種子，應該是在遠古時代就透過鳥類、貿易航線、海流等，從南美洲大陸散播開來，並在加拉巴哥群島中的聖克魯斯島落地生根。海洋隔絕了島嶼，島上既沒有人類，也沒有會相互競爭的植物，或許是這些原因讓蒲公英愈長愈大，也使得達爾文相當關注這個在離島長成木本植物的範例。

樹菊種子一年就可長成四公尺的矮樹，兩年後便會開花結果，甚至還能長高至十五公尺。

樹菊（菊科）

樹菊的壽命大約是二十五年，普通的蒲公英雖然也是多年生植物，但二十五年已經算蠻長壽了。出現聖嬰現象的時候會變得多雨，樹菊可能因此立枯，種子則會立刻發芽。不過，現在樹菊正面臨著滅絕的危機。

第5章

一切都是為了吃飽飽
植物與「光能」

Q 為什麼向日葵會一直追著太陽跑？

A 是因為植物荷爾蒙的關係，也只有年輕時才會追太陽

向日葵萌芽後就會一直朝著有陽光的方向。它看起來就像是由東往西慢慢地轉動方向運動，但如果朝向東方時有遮蔽光線的障礙物，向日葵就會先找出有光線照入的方向，並朝光線移動方向轉動。換句話說，向日葵並不是追著陽光跑，而是朝著自己感應到的有光方向，緊緊跟隨著光線。

向日葵的名稱帶有朝向太陽的意思。在歐洲與非洲，廣闊的向日葵田在萌芽後，隨著莖、葉、花苞的逐漸生長，會一路追著太陽跑。開出向日葵花的時候，所有花朵更會非常壯觀地面向東方。**但是，過了這個階段也代表生長結束，向日葵就不會繼續面向太陽。換句話說，向日葵只會追著太陽到開花的時候。**而且只要四周沒有遮蔽光線的障礙物，向日葵最終都會朝著東邊開花。

不過，如果是種在屋簷下，且東側光線被遮蔽的向日葵，那麼就只會朝向外面開花，不受東西南北方向侷限。另外，如果是單莖能開出數朵向日葵的品種，那麼除了頂端的那朵向日葵外，其餘花朵的綻開方向並不會固定。

其實不單是向日葵，基本上只要是年輕的植物，葉片都會轉向，隨時面朝太陽。向日葵在開花前都會一直追著太陽跑，這是因為受到植物荷爾蒙生長素的影響。

生長素基本上會大量聚集在光線照不到的位置，並讓背光面的莖部持續生長。如此一來，向日葵莖部朝向另一側的向光面，花苞看起來當然就像是追著太陽跑。

1 向日葵會追著太陽都要怪生長素

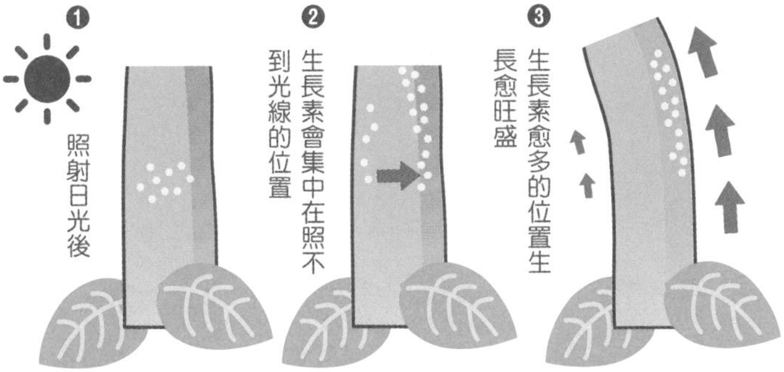
❶
照射日光後
❷
生長素會集中在照不到光線的位置
❸
生長素愈多的位置生長愈旺盛

生長素會大量聚集在光線照不到的位置，所以向日葵莖部會朝著向光面，這也讓花苞看起來就像是追著太陽跑。

2 向日葵（菊科）的特徵

舌狀花與管狀花（筒狀花）。兩者結合為頭狀花序。

舌狀花

許多花瓣相連，看起來就像是舌頭連在一起的花朵。

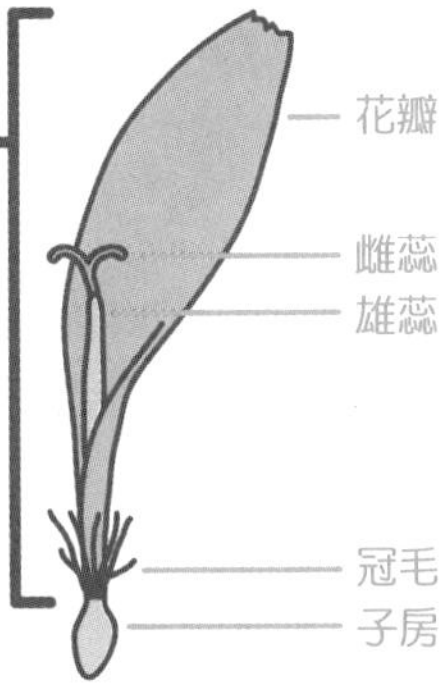
花瓣
雌蕊
雄蕊
冠毛
子房

管狀花

5片花瓣連在一起呈筒狀的小花。

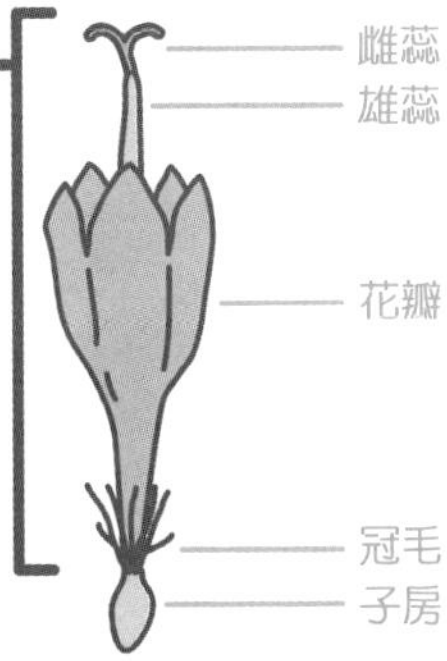
雌蕊
雄蕊
花瓣
冠毛
子房

向日葵原產於北美大陸西部。據說是因為16世紀西班牙人將種子帶回國，栽培於馬德里植物園後，向日葵才開始普及。向日葵要等到100年後的17世紀，才繼續傳至法國、俄羅斯等西班牙以外的國家。

好厲害的光能！

向日葵花朵本身並不會追著太陽，是生長過程中的莖部與花苞會面向光線。停止生長後，向日葵就不會再動。莖部會追著太陽跑，都是因為植物荷爾蒙的生長素所展現的本領。

Q 什麼光才能行光合作用？

A 植物最喜歡紅光與藍光

陽光是由許多不同的光線組成，但人稱三原色的紅、藍、綠光線基本上就能構成所有光色，光合作用需要的光基本上也只要考量這三色就好。人們從實驗得知，**光合作用比較會使用到紅光與藍光，卻不太會使用到綠光**。

紅光與藍光會變成植物光合作用所需的能量。綠光則是會在葉片表面反射，使葉子看起來是綠色。這些綠光會在葉片裡蜿蜒繞道後，才離開葉片。繞道過程中，部分綠光會成為光合作用所需的能量。

光合作用是發生在葉片的化學反應。植物會利用陽光能量，將根部吸收的水分與從空氣中吸收到的二氧化碳製造成醣分等養分與氧氣。**葉片裡有無數名為葉綠體（Chloroplast）的顆粒，光合作用便是在這些顆粒中進行**。葉綠體帶有大量葉綠素（Chlorophyll），扮演著吸收光能的角色。

仔細探討光合作用後，發現又可細分為「光反應」與「暗反應」。光反應需要光，所以又稱為「光化學反應」；暗反應則是指不需要光線的反應，暗反應又可稱為「卡爾文循環（Calvin cycle）」。

光反應分解水後，會釋出氧氣與能量。這些能量會使用在暗反應上，搭配吸收的二氧化碳，合成醣分後，同樣能釋出能量。這時，能量又會使用在光反應上，透過葉綠體中兩種反應的順利切換，形成了我們所說的光合作用。

1 為什麼葉片看起來會是綠色

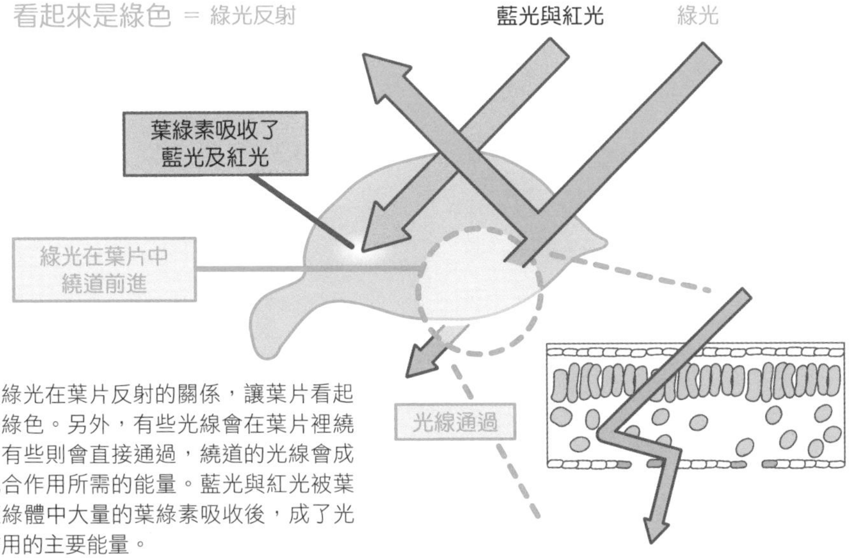
看起來是綠色 = 綠光反射
藍光與紅光
綠光
葉綠素吸收了
藍光及紅光
綠光在葉片中
繞道前進
光線通過

因為綠光在葉片反射的關係，讓葉片看起來是綠色。另外，有些光線會在葉片裡繞道，有些則會直接通過，繞道的光線會成為光合作用所需的能量。藍光與紅光被葉片葉綠體中大量的葉綠素吸收後，成了光合作用的主要能量。

2 光合作用是在葉片的葉綠體中進行

右圖的葉綠體中含有大量類囊體，類囊體膜裡帶有葉綠素。這裡會進行光反應，並形成製造醣分的能量。

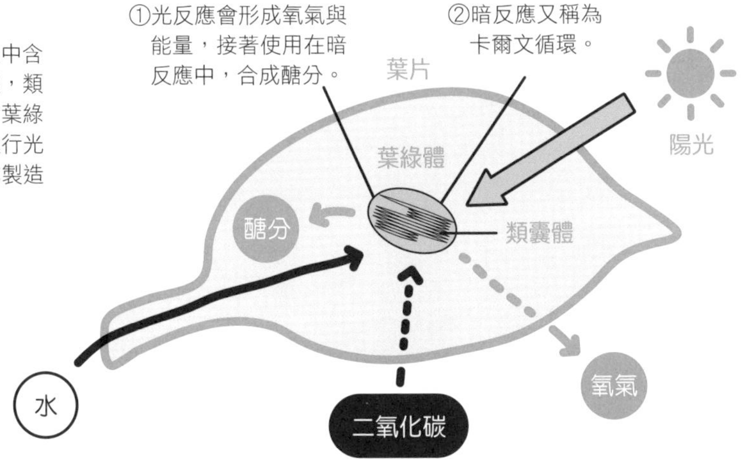
①光反應會形成氧氣與
能量，接著使用在暗
反應中，合成醣分。
②暗反應又稱為
卡爾文循環。
葉片
陽光
葉綠體
醣分
類囊體
水
二氧化碳
氧氣

好厲害的光能！

光線太強的話會使葉綠體受損，這時葉綠體會開始躲避，避免接收過量光線。葉綠體就是以這樣的微調方式，迅速進行光合作用。

Q 有沒有不會行光合作用的植物？

A 世界上最大的花是寄生植物，所以不用行光合作用

無論什麼植物都必須行光合作用曾經是植物界的「定則」。不過正所謂凡事都有例外，當然就會有完全不需要行光合作用的植物了。這類植物會「寄生」在其他植物上獲取需要的養分。

舉例來說，東南亞的島嶼及馬來半島的叢林中自生著**大王花，大家雖然都知道它是世界上最大的花（第八頁），但大王花既沒有根、莖，也沒有葉片，這麼一來就沒有葉綠體，當然無法行光合作用。**

大王花沒有根，所以沒辦法行光合作用，水分及養分就必須從花苞所寄生的宿主，也就是葡萄科植物（崖爬藤）上吸取。

大王花開花後，會在叢林中散發出肉腐爛掉的強烈臭味，吸引蒼蠅們前來。蒼蠅會誤以為大王花的花朵是腐肉，並在上面產卵。

其實**大王花帶有雄花與雌花，雄花花藥（內有花粉的袋狀物）會釋出包覆著黏液的膏狀花粉，並附著在飛入花朵深處的蒼蠅背上。**

蒼蠅停留在大王花的目的不只產卵，也是為了尋找腐肉中的蛋白質。雖然實際上沒有腐肉，但蒼蠅會停在雌蕊，或是進入花朵深處。這時，蒼蠅背部會接觸到雌蕊柱頭。大王花雖然是用這種方式授粉，不過目前還未查明它是如何讓長出的種子附著在崖爬藤上。

部分說法認為應該是老鼠等小動物吃了種子後，很湊巧地將糞便排在崖爬藤的藤蔓上，接著萌芽生長，不過實際為何仍然是個謎。

1 世界上最大的花其實是寄生植物

一般所説的大王花，其實是指種類達數十種、大花草科的「阿諾爾特大花草（Rafflesia arnoldii）」。大王花屬於完全寄生植物，花朵會從宿主吸取能量生長，直徑甚至能達1m左右。

2 推算大王花的生命週期

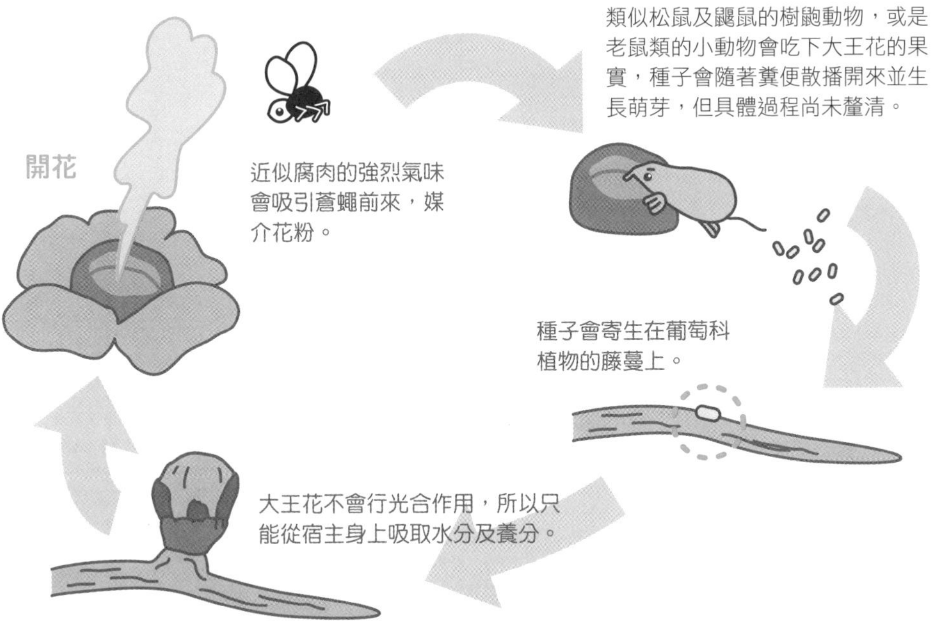
類似松鼠及鼴鼠的樹鼩動物，或是老鼠類的小動物會吃下大王花的果實，種子會隨著糞便散播開來並生長萌芽，但具體過程尚未釐清。
近似腐肉的強烈氣味會吸引蒼蠅前來，媒介花粉。
開花
種子會寄生在葡萄科植物的藤蔓上。
大王花不會行光合作用，所以只能從宿主身上吸取水分及養分。

好厲害的光能！

完全寄生植物（大王花等）雖然也是植物，卻像寄生蟲般，是不會行光合作用的植物。半寄生植物（槲寄生等）則是從寄生的樹木獲取水分，並自行透過光合作用製造養分的寄居型植物。

Q 光合作用效率不好都要怪氧氣？

A 原因在於Rubisco酵素，不過這種酵素也很重要

光合作用可以說是維繫著地球生物最重要的化學反應。會行光合作用的微生物，也就是藍綠菌大約是在二十七億年前出現於海中。那時大氣中的氧氣濃度不到百分之一，之後才慢慢地增加，來到目前的百分之二十一。氧氣讓生物欣欣向榮，但對於不斷製造氧氣的植物來說，卻必須面對光合作用所帶來的困擾。因為**負責行光合作用的酵素除了吸收二氧化碳外，也會獲取氧氣，導致光合作用效率變差。**

行光合作用時，必須固定住吸收的二氧化碳，負責固定二氧化碳的是種名為「核酮糖-1，5-雙磷酸羧化酶/加氧酶（Rubisco，全名為Ribulose-1,5-bisphosphate carboxylase/oxygenase）」的酵素。

Rubisco是一種非常原始的酵素，無法分辨二氧化碳與氧氣。再加上獲取二氧化碳不易，所以植物會使用非常大量的Rubisco。不過，光合作用的暗反應（參照第一百一十四頁）同樣會吸收到氧氣，這也讓光合作用看起來相當沒有效率。

即便有這樣的情況，卻也無法捨棄Rubisco。Rubisco酵素其實是地球上為數最多的蛋白質，**所有的植物都是透過Rubisco行光合作用。Rubisco每獲取四個二氧化碳的同時，就會吸收到一個氧氣。**這時氧氣會製造出某種有機物，這種有機物會被送到細胞內名為粒線體的小型器官，粒線體接著會排出二氧化碳，這又稱為「光呼吸作用」。**光呼吸過程中形成的有機物會再次回到葉綠體，協助光合作用的進行。**光合作用看來可是非常複雜的反應呢！

1 Rubisco酵素其實也是27億年前的藍綠菌

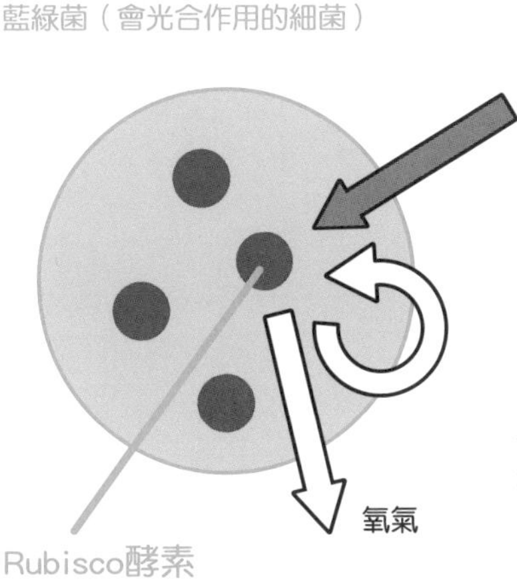
藍綠菌（會光合作用的細菌）
氧氣
Rubisco酵素

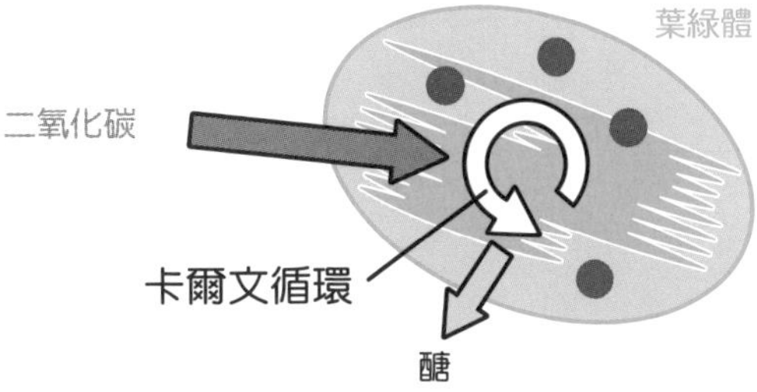
葉綠體
二氧化碳
卡爾文循環
醣

27億年前左右，於海中形成的藍綠菌會在光反應時排出氧氣，並在暗反應時藉由Rubisco獲取二氧化碳後，合成有機化合物（醣）。不過，反應過程中卻也會不慎吸收到理當捨棄的氧氣，目前在許多植物身上也都看得見這樣的現象。

2 醣的合成需要Rubisco，但Rubisco會影響效率

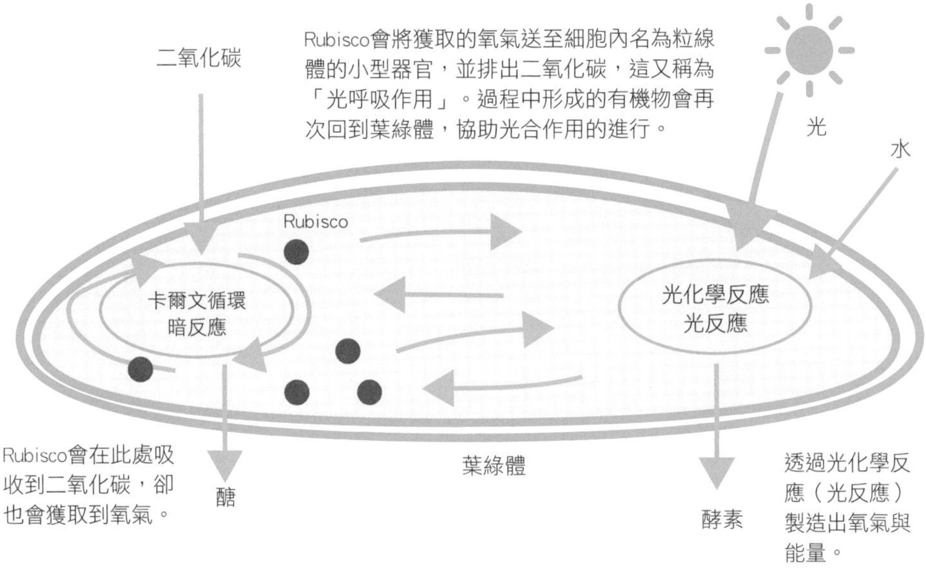
二氧化碳
Rubisco會將獲取的氧氣送至細胞內名為粒線體的小型器官，並排出二氧化碳，這又稱為「光呼吸作用」。過程中形成的有機物會再次回到葉綠體，協助光合作用的進行。
光
水
Rubisco
卡爾文循環
暗反應
光化學反應
光反應
Rubisco會在此處吸收到二氧化碳，卻也會獲取到氧氣。
醣
葉綠體
酵素
透過光化學反應（光反應）製造出氧氣與能量。

好厲害的光能！

對植物來說，不會分辨二氧化碳分子與氧氣分子的Rubisco是個令人頭疼的酵素。少了它無法行光合作用，有了卻又會影響作用的效率。

Q. 光合作用有很多種模式，是真的嗎？

A 像是玉米就會分兩階段行光合作用

以稻米及小麥為首的許多植物都是行「C_3型光合作用」的植物，所以又稱為「C_3植物」。所謂C_3型光合作用，其實就是一般植物常見的光合作用。

C_3植物負責行光合作用的葉綠體在葉片的葉肉細胞裡非常發達，但在其他組織中卻不怎麼活躍。

C_3的C是指碳。固定二氧化碳反應中，最先形成的有機物是擁有三個碳的「PGA（磷酸甘油酸，Phosphoglycerate）」，所以才會稱為C_3植物。

另一方面，生長於高溫環境中，像是玉米、甘蔗等行「C_4型光合作用」的植物又稱為「C_4植物」。**C_4植物與C_3植物的不同之處在於除了葉肉細胞外，維管束鞘細胞內也存在著非常活躍的葉綠體，能夠分兩階段行光合作用。**

C_4植物在固定二氧化碳的反應過程中，最先形成的有機物是擁有四個碳的「草乙酸（Oxaloacetic acid）」，所以又被稱為C_4植物。

C_3植物與C_4植物在行光合作用時，又有什麼相似或差異之處呢？

兩者的共通點在於最後都會合成醣。C_3植物會在葉肉細胞結束所有反應並合成醣。

反觀，C_4植物的葉肉細胞卻不會產出醣，它會先製造其他的有機物，並將有機物送到前述的維管束鞘細胞。

C_4植物的葉肉細胞中有著「C_4循環」，剛開始二氧化碳會固定於此處並形成數種化合物，最終邁向分解，產出的二氧化碳則會透過卡爾文循環合成為醣。

1 C_3植物的光合作用與C_4植物的光合作用

C_3植物（普通植物）的結構

● 二氧化碳

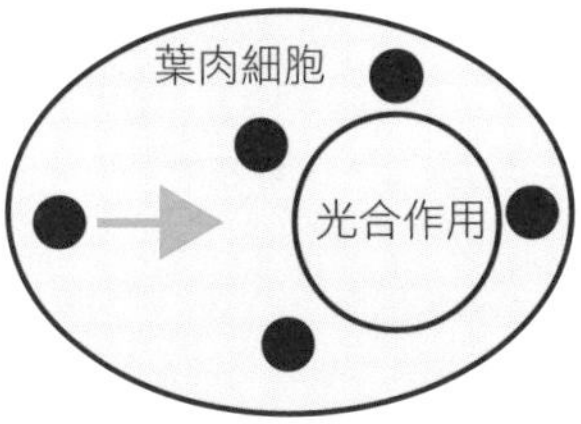

C_3植物會在葉肉細胞內將二氧化碳合成為醣。C_4植物則是會先利用葉肉細胞中的C_4循環將二氧化碳合成為有機物，產出有機物後再製造醣。與C_3植物相比，C_4植物一天的光合作用速度快，生長速度也較快。

C_4植物的結構（左為C_4循環，右為卡爾文循環）

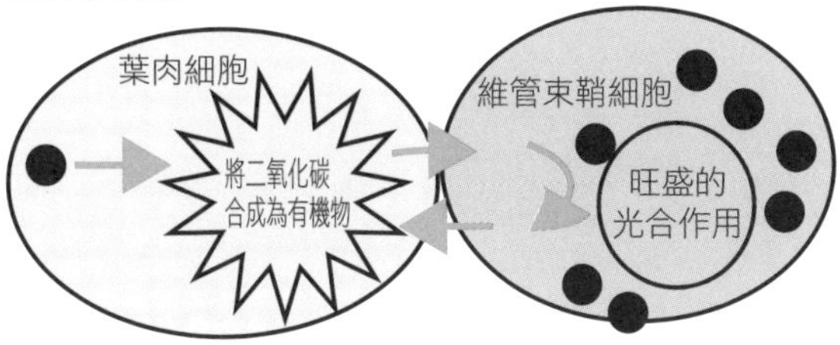

2 C_4循環與卡爾文循環的位置

葉片切面圖

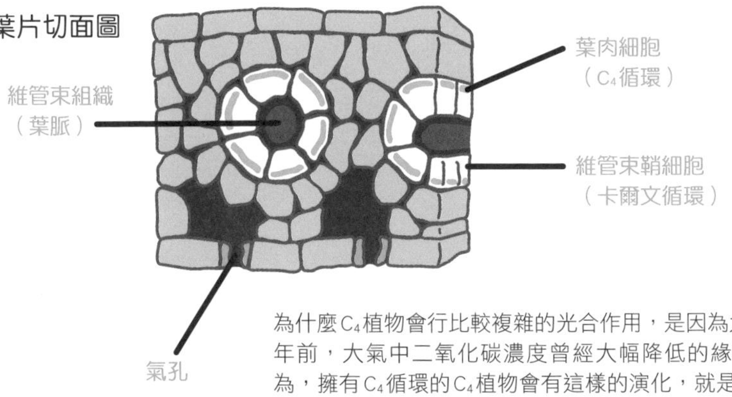

為什麼C_4植物會行比較複雜的光合作用，是因為大約 1200 萬年前，大氣中二氧化碳濃度曾經大幅降低的緣故。一般認為，擁有C_4循環的C_4植物會有這樣的演化，就是為了讓光合作用在高溫乾燥的環境下更有效率。

好厲害的光能！

玉米、甘蔗等C_4植物是在高溫、強光環境下也能生長的重要作物。與C_3植物相比，C_4植物一天的光合作用速度快，生長速度也較快。

Q 如果是白天無法行光合作用的環境該怎麼辦？

A 有些植物會在夜晚吸收二氧化碳，並於白天用來行光合作用

在乾燥的沙漠裡，生長著八寶景天、仙人掌、蘆薈等各種體內能貯存大量水分的多肉植物。另外，會結出多汁果實的鳳梨也是能在熱帶的貧瘠酸性土壤或乾燥環境中生長茁壯的植物。**這些都稱為CAM植物，會行跟一般植物不太一樣的光合作用。**

CAM植物的CAM是「景天酸代謝（Crassulacean acid metabolism）」英文字首的簡寫。

在沙漠這種既乾燥又炎熱的環境中，如果植物想在白天將葉片氣孔打開，吸收二氧化碳的話，水分反而會從氣孔不斷蒸發，大量流失好不容易累積的水分。如果白天不吸收二氧化碳，就沒辦法在白天行光合作用嗎？其實倒也不然，光合作用最重要的目的，是透過這個作用將吸收的二氧化碳固定，並製造出醣等養分。

CAM植物會在不用擔心水分流失的夜晚打開氣孔，事先吸收二氧化碳。接著合成「蘋果酸」，貯存在細胞內名為「液泡」的地方（參照第四十七頁）。

白天時植物會關緊氣孔，並將貯存在細胞液泡裡的蘋果酸分解還原成二氧化碳，接著透過葉綠體的卡爾文循環固定二氧化碳，並行光合作用。此過程稱為「CAM型光合作用」。

除了苔類植物，在所有具備維管束的植物中，會行CAM型光合作用的植物數量大約占整體百分之六左右，並且棲息在水分容易流失的嚴苛環境。

CAM植物會區分夜晚及白天，利用兩天的時間差行光合作用，這也使CAM植物光合作用的速度較慢，成長相對遲緩。

1 在炎熱的白天輕鬆做好工作的技巧

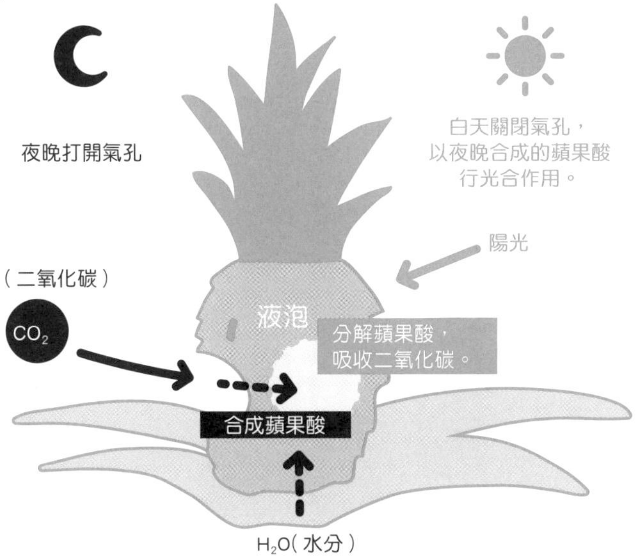
夜晚打開氣孔
白天關閉氣孔，
以夜晚合成的蘋果酸
行光合作用。
陽光
（二氧化碳）
CO_2
液泡
分解蘋果酸，
吸收二氧化碳。
合成蘋果酸
H_2O（水分）

CAM植物（蘆薈、仙人掌、鳳梨等）為了預防水分蒸發，會在白天關閉氣孔，並於涼爽的夜晚吸收貯存二氧化碳，再於白天釋出，搭配陽光行光合作用。

2 利用時間差成功進行光合作用

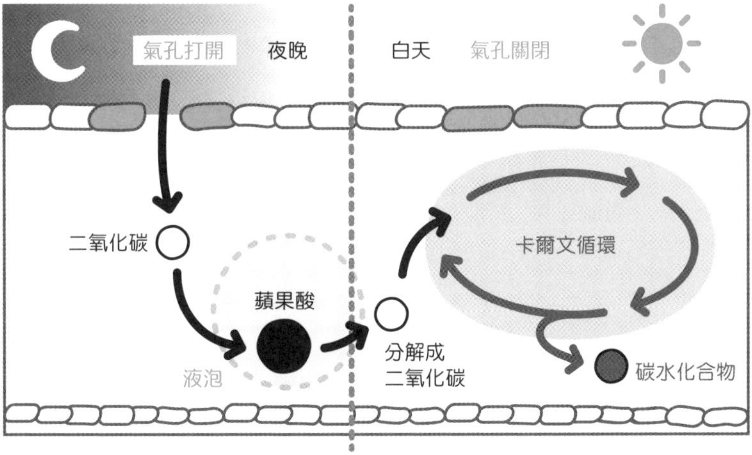
氣孔打開
夜晚
白天
氣孔關閉
二氧化碳
蘋果酸
液泡
分解成
二氧化碳
卡爾文循環
碳水化合物

好厲害的光能！

沙漠仙人掌等生長在極缺水環境的植物多半屬於CAM型光合作用植物。它們的特徵是會在夜晚吸收CO_2，製造蘋果酸，接著於白天將蘋果酸還原成CO_2。

Q 只有植物會行光合作用？

A 光合作用的主角不是只有陸地生物

大約二十七億年前，海中的光合作用細菌及名為藍綠菌的微生物開始行光合作用，陸地植物最終也得以誕生。在現在的大海裡，微生物的浮游植物、昆布、裙帶菜等海藻類也和祖先們一樣不斷製造氧氣。位於海裡的浮游植物中，大多數是一種名為「原核綠藻」的單細胞微生物，它是藍綠菌的同類，也會行光合作用。

聲波雖然能在海中傳得很遠，但光線一進到海裡就會立刻變弱，在海中行光合作用的生物如果位處水深超過一百五十公尺的地方，將會因為無法行光合作用而死亡。**不過，從地球悠久的歷史來看，海洋在過去好幾億年都持續製造著氧氣。這也代表海水中的光合作用生物擁有無窮的力量。**

然而，近年研究發現，比起釋放氧氣，海洋反而更努力地在吸收來自化石燃料的二氧化碳，吸收能力甚至是陸地植物的兩倍。另一方面，**海中的浮游植物成了浮游動物或小魚們的餌食，小魚們則會被更大的魚食用，這位處食物鏈底端的關係最終更維繫著你我的生活。**

話說，透過人造衛星的海洋調查能掌握葉綠素a的分布。葉綠素a與用來行光合作用的葉綠素是同類，以海洋來說，浮游植物就擁有葉綠素a。經由這項調查可以得知海中浮游植物的多寡。換句話說，浮游植物愈多的海域就代表魚量愈豐富，調查結果更是對漁業帶來極大幫助，這也意味著地球的生物不能沒有植物。

1 海裡的光合作用生物也會吸收二氧化碳

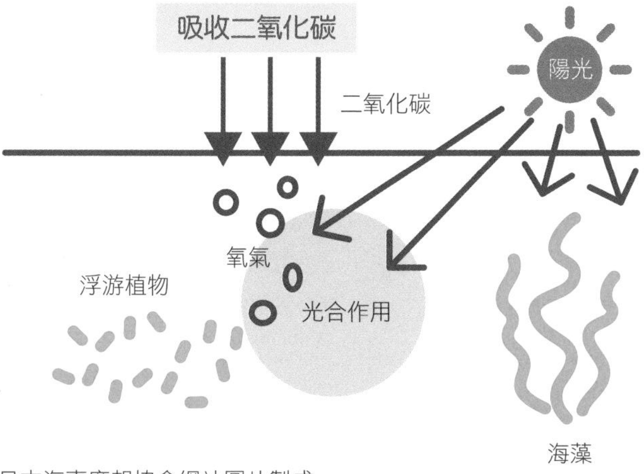
吸收二氧化碳
陽光
二氧化碳
氧氣
浮游植物
光合作用
海藻

浮游植物會攝取陸地排出的氮、磷等無機物質作為養分並繁殖，所以葉綠素a的分布狀況也會被作為海洋汙濁程度的指標。

參考日本海事廣報協會網站圖片製成

2 二氧化碳在地球形成的碳循環

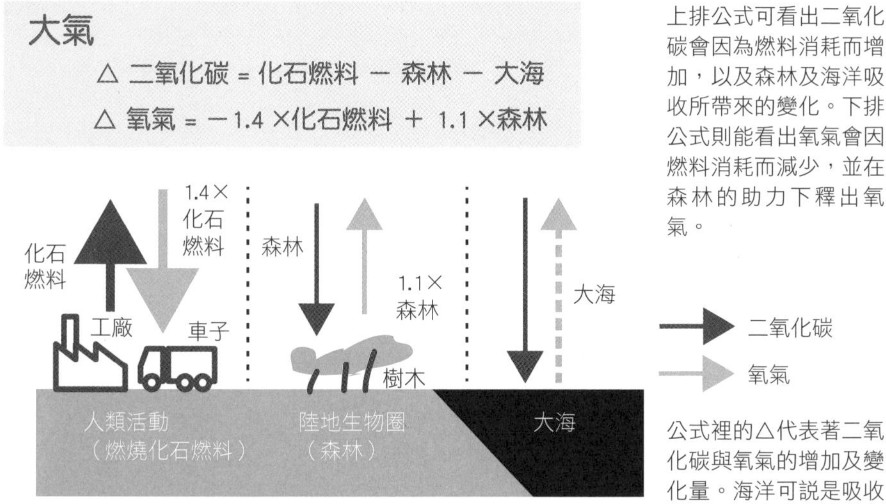
大氣
△ 二氧化碳 = 化石燃料 − 森林 − 大海
△ 氧氣 = −1.4 ×化石燃料 ＋ 1.1 ×森林
1.4×化石燃料
化石燃料
工廠
車子
森林
1.1×森林
樹木
大海
人類活動（燃燒化石燃料）
陸地生物圈（森林）
大海
二氧化碳
氧氣

上排公式可看出二氧化碳會因為燃料消耗而增加，以及森林及海洋吸收所帶來的變化。下排公式則能看出氧氣會因燃料消耗而減少，並在森林的助力下釋出氧氣。

公式裡的△代表著二氧化碳與氧氣的增加及變化量。海洋可說是吸收二氧化碳的重要裝置。

參考國立環境研究所記者會的發表圖片（2008年）製成

好厲害的光能！

海洋是吸收二氧化碳的超級巨大裝置，更是氧氣的生產工廠。只要海域中的主角－浮游植物夠豐富，便代表那會是片豐富的漁場。

Q 植物也有血型，是真的嗎？

A 不少植物都有血型

當我們調查身體血液中，紅血球所含的血紅素後，就會發現分子與植物的葉綠素非常像。不同之處只在於血紅素中間的元素是鐵，葉綠素是鎂罷了。這麼說來，植物是不是和人類一樣有血型呢？

老實說，不少植物還真的有血型。人類的血型取決於血液中「醣蛋白」的種類，大約有一成的植物具備與人類相似的醣蛋白。**檢查了植物的血液後，發現O型與AB型較多，像是白蘿蔔及高麗菜為O型，蕎麥則是AB型。**

切開植物雖然不會像動物一樣流血，但動物與植物的基本生存方式其實有許多相似處。豆科植物體內除了存在跟血紅素很像的葉綠素外，還帶有豆科血紅素（Leghemoglobin）。從名字就可知道，豆科血紅素其實與血紅素的功能相似，兩者都負責輸送氧氣。

那麼，豆科血紅素又是什麼時候輸送氧氣的呢？豆科植物的根部長有非常多名為「根瘤」的圓形瘤狀物，裡頭有著名為「根瘤菌」的細菌。根瘤菌會從空氣中吸收氮供應給豆科植物，豆科植物則是提供根瘤菌住所並提供養分，所以豆科植物與根瘤菌存在著「共生」的互利關係。

不過，根瘤菌在固氮的同時卻也產生負面影響。根瘤菌為了確保固氮時所需的能量，會供氧讓細胞呼吸，但用來固氮的酵素遇到氧氣就會失去活性。因此豆科植物會將豆科血紅素輸送至根瘤菌，儘快排除多餘的氧氣。

1 血紅素與葉綠素有一個不同之處

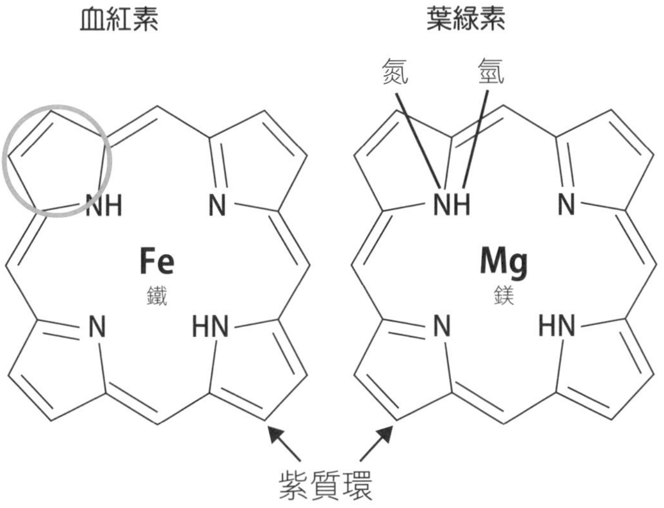
血紅素
葉綠素
氮
氫
NH
N
Fe
鐵
N
HN
NH
N
Mg
鎂
N
HN
紫質環

綠色圓圈是血紅素的血基質與葉綠素等色素的基本結構。

紅血球的血紅素除了中間是由鐵構成外，其他結構與葉綠素相同。當「紫質環」中間為鐵（Fe），就會是血紅素（左），如果中間是鎂（Mg），則是葉綠素（右）。

2 什麼是豆科植物與根瘤菌的共生？

豆科植物所釋出的豆科血紅素與人類的血紅素都能有效率地運送氧氣。

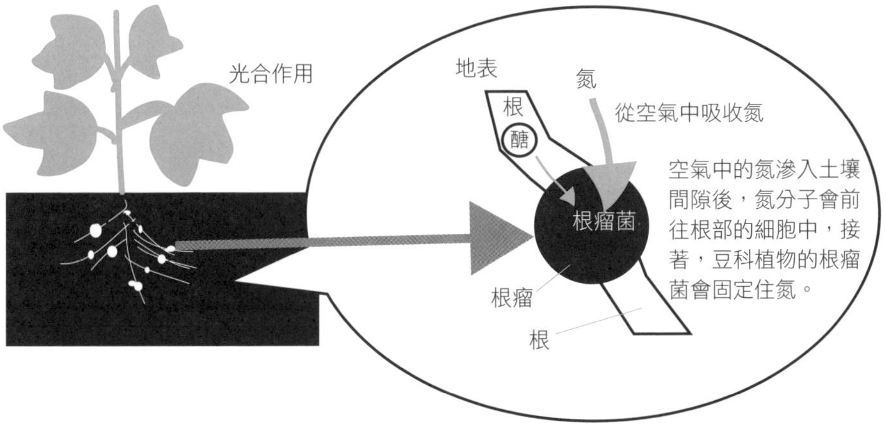
光合作用
地表
根
醣
氮
從空氣中吸收氮
根瘤菌
空氣中的氮滲入土壤間隙後，氮分子會前往根部的細胞中，接著，豆科植物的根瘤菌會固定住氮。
根瘤
根

好厲害的光能！

有些植物也具備人類形成血型的醣蛋白，據說大約有一成的植物存在血型。

主な参考文献
『面白くて眠れなくなる植物学』（稲垣栄洋：著　PHP 研究所）
『世界でいちばん素敵な花と草木の教室』（稲垣栄洋：監修／遠藤芳文：文　三才ブックス）
『植物学「超」入門』（田中　修／著　SBクリエイティブ）
『植物の体の中では何が起こっているのか』（嶋田幸久／萱原正嗣：著　ベレ出版）
『植物の私生活』（デービッド・アッテンボロー：著／門田裕一：監訳／手塚　勲・小堀民惠：訳　山と渓谷社）
『ニュートン別冊　知られざる花と植物の世界　驚異の植物　花の不思議』（ニュートンプレス）
『植物まるかじり叢書１　植物が地球をかえた！』（葛西奈津子：著／日本植物生理学会：監修／日本光合成研究会：協力　化学同人）
『植物まるかじり叢書２　植物は感じて生きている』（瀧澤美奈子：著／日本植物生理学会：監修　化学同人）
『植物まるかじり叢書３　花はなぜ咲くの？』（西村尚子：著／日本植物生理学会：監修　化学同人）
『カラー版　極限に生きる植物』（増沢武弘：著　中央公論新社）
『動く遺伝子　トウモロコシとノーベル賞』（エブリン・フォックス・ケラー：著／石館三枝子・石館康平：訳　晶文社）

國家圖書館出版品預行編目資料

趣味植物：擬態、寄生、食蟲、變色、移動？植物的超強生存策略全部告訴你！ / 稻垣榮洋著 ; 蔡婷朱譯. -- 初版. -- 臺中市 : 晨星, 2020.12
面；公分 .——（知的！；166）

譯自：図解 植物の話

ISBN 978-986-5529-83-3（平裝）

1. 植物學

370　　109016784

填回函，送Ecoupon

知的！166

趣味植物：
擬態、寄生、食蟲、變色、移動？植物的超強生存策略全部告訴你！
図解 植物の話

作者 稻垣榮洋
內文圖片 アマナ、フォトライブラリー、alamy stock photo、iStock、PPS通信社
內文圖版 引間良基
譯者 蔡婷朱
編輯 吳雨書
校對 吳雨書
封面設計 陳語萱
美術設計 黃偵瑜

創辦人 陳銘民
發行所 晨星出版有限公司
407台中市西屯區工業30路1號1樓
TEL：04-23595820　FAX：04-23550581
行政院新聞局局版台業字第2500號
法律顧問 陳思成律師
初版 西元2020年12月15日　初版1刷

總經銷 知己圖書股份有限公司
106台北市大安區辛亥路一段30號9樓
TEL：02-23672044 / 23672047　FAX：02-23635741
407台中市西屯區工業30路1號1樓
TEL：04-23595819　FAX：04-23595493
E-mail：service@morningstar.com.tw
網路書店 http://www.morningstar.com.tw
訂購專線 02-23672044
郵政劃撥 15060393（知己圖書股份有限公司）
印刷 上好印刷股份有限公司

定價350元

ISBN 978-986-5529-83-3